〔日〕稻垣荣洋　审订

日本阿玛纳自然科学　编

〔日〕日高直人　绘

吴淑招　译

中国纺织出版社有限公司

前 言

曾有这么一天。

我看了一眼菜地，只见菜地的角落里正开着一种黄色的花。“这是什么呢？”我思索着，于是走近一看，发现花的根部躺着一颗圆滚滚的白玉萝卜。这颗已经被拔掉的白萝卜还长着茎秆开着花，大概是因为被老鼠啃过，萝卜上有一个大大的空洞，所以才没有被拉走卖掉而被扔在这里吧。

当我看到开着美丽花朵的白萝卜时，我心想：“蔬果也是植物啊。”

仔细思考过后我意识到，蔬果是植物本就是理所当然的事情。播下种子，萌生出芽，茁壮生长，最后开花结果，蔬果也像我们人类一样在不断成长。也正是各式各样的蔬果们，在漫长的历史长河中一直和我们生活在一起。

有的时候，蔬果会被改良成千奇百怪的品种，有的时候则会从一个国家传播到另一个国家。就这样，蔬果们一边环游世界，一边作为食材被世界各国的厨师使用。

即便在今天，蔬果们也仍然被排列在市场与超市的摊位架上，成为我们的日常食物。

一脸正经的蔬果们被整齐划一地摆在架子上，但它们每一个品种，都有着各自的前世今生。

蔬果也要斗志满满，你知道这是为什么吗？

让我们一起开启蔬果世界之旅吧！

1 人类的祖先是在森林中以水果为食的猿猴类动物。大部分动物都可以靠自身合成维生素C，然而猿猴类动物由于过度依赖从水果中摄取维生素C，最终失去了这一能力。

2 大约在500万年前，地球上发生了地质气候大变动，导致猿猴赖以生存的树林面积锐减，几乎都退化成了草原，果树也随之大量消失。猿猴无法啃食坚硬的草和树叶，于是它们只能以草类的果实、草根和其他肉食性动物的剩食残渣为食，艰难度日。

3 人类的祖先直到进入旧石器时代（距今约250万年至1.2万年），才得以制作简易的武器狩猎，同时也学会了使用火。它们用火加热口感较硬的植物，使它们软化以便食用。

4 在距今约1万年前，人类有了通过栽培植物获取食物的意识，并由此开始了种植蔬果的历史。在大约5000年前的古埃及，已经出现了黄瓜、西瓜、洋葱、白萝卜和生菜等蔬果。其实从很久之前开始，许多蔬果都已经在世界各地广泛栽培了。

目 录

第一章　有苦难言的蔬果们

第二章　想自证清白的蔬果们

第三章　让人意想不到的蔬果们

第四章　深藏不露的蔬果们

第五章　不容小觑的蔬果们

来吧，让我们一起探索蔬果们的真实面孔。读完这本书，相信你一定会爱上那些斗志满满的蔬果们。

第一章

有苦难言的蔬果们

马铃薯曾经被认为是“恶魔果实”而被处以火刑

马铃薯的故乡要追溯到分布于秘鲁和智利等地的南美洲安第斯山脉地区。在 15 世纪末期，马铃薯被西班牙人带到了欧洲。可是，当时的欧洲人并不知道马铃薯的吃法，他们误食了马铃薯的芽和茎，结果导致食物中毒而饱受痛苦……于是，马铃薯被认为是罪恶的果实，并被判决处以“火刑”。

同时，马铃薯生长在地下，也没有常见蔬菜那般明显的绿叶，人们认为马铃薯十分神秘且危险，是和魔鬼撒旦有关的邪恶植物。因此，曾经有一段时间，马铃薯被称为“恶魔果实”，被人们所厌恶。

顺带一提……

不能吃发绿的马铃薯！

如果把马铃薯放在阳光下照射，马铃薯就会变绿，甚至发芽。马铃薯芽中含有一种叫作“龙葵素”的有毒物质，一旦食用就会引起头晕、呕吐等症状，所以一定要注意！

蔬果

· 小名片 ·

中文名	马铃薯／土豆／洋芋
英文名	potato
类　别	茄科　茄属
中国主要产地	四川省／贵州省／甘肃省

马铃薯 秘密档案

小小的马铃薯竟让大量爱尔兰人向美国迁移？！

很久以前，马铃薯是爱尔兰人的主食。但是在 1845 年，爱尔兰爆发了马铃薯霜霉病，导致马铃薯大量减产，许多爱尔兰人最终都被饿死。于是，为了求得生计，爱尔兰人大举迁移到美洲大陆。

美味秘方！

隔夜的马铃薯咖喱更加美味！

马铃薯富含大量质地黏稠的淀粉。人们一般用马铃薯制作咖喱，咖喱经过隔夜放置后，马铃薯中的淀粉会逐渐溶化，咖喱也会因此变得黏稠。于是我们在品尝咖喱的时候，美味便能在舌尖上长久停留，令人食欲大振。

马铃薯富含维生素C，能够美容养颜和预防感冒！

马铃薯中富含的碳水化合物是维持我们机体健康运作的能量之源。同时，马铃薯中富含的维生素 C 也具有淡化雀斑和预防感冒的功效。

马铃薯是一种在世界各地都使用广泛的食材，除了用于制作料理，马铃薯还能制成薯片等零食，同时也是制作马铃薯淀粉和土豆粉的原材料。

“马铃薯”因酷似系在马身上的铃铛而得名，这个名字最早见于康熙年间的《松溪县志食货》：“马铃薯掘取，形有大小，略如铃子。”

番茄由于颜色太红，曾经竟只作为观赏性植物

番茄之所以呈现出鲜艳的红色，是因为它富含“番茄红素”，而且这种鲜艳的红色在人类所食用过的果实中前所未见。因此古代欧洲人认为，番茄颜色这么红，一定是因为它有毒，所以只把它当作稀有植物进行观赏。番茄于明末传入中国，但明清时期一度不太流行，更多的还是作为观赏性作物。

那么，植物的果实究竟为什么会长成红色呢？这是因为红色更容易引起动物的注意力。动物在食用完成熟的果实后，会将种子传播到其他地方。尽管如此，番茄的颜色还是太红了，以至于古人纷纷认为这是一种不能吃的果实。

顺带一提……
番茄果实没有毒，
叶子却有毒

为了防止树叶被虫子啃食，番茄的叶子中含有一种叫作“番茄碱”的毒素，对于番茄来说，这可是保护自己的重要武器。

蔬果
·小名片·

中文名　番茄 / 西红柿

英文名　tomato

类　别　茄科　茄属

中国主要产地
山东省 / 河北省 / 河南省

番茄

秘密档案

水果番茄是蔬菜还是水果？番茄也有很多品种

有一种番茄叫作“水果番茄”，它的汁水充盈，口感偏甜，深受人们喜爱。水果番茄的糖度①目前最高可达 12，果形有圆形、长椭圆形以及草莓形等。除此之外，还有很多其他品种的番茄，比如黄色和褐色的番茄，还有像葡萄一样大小的小番茄。

美味秘方！

用番茄可以制成美味的番茄汁，一起来试着做番茄烩饭吧！

番茄中含有大量的鲜味成分——谷氨酸。在欧洲，人们甚至会拿脱水过的番茄干来熬煮汤汁。将生番茄和金枪鱼罐头、调味料一起放入米饭中焖煮，做出的番茄烩饭香味扑鼻，鲜美可口。

①糖度是表示糖液中固形物浓度的单位，一般用白利度表示糖度，是指 100 克糖液中所含的固体物质的溶解克数。

番茄是“维生素的宝库”，常吃番茄就不会生病？！

欧洲有句谚语:“番茄变红的时候，就是医生脸变绿的时候。”这句谚语的深层含义是：由于番茄富含有益于健康的营养物质，所以每到番茄成熟的季节，去看病的人就会大幅减少。

番茄中的“番茄红素”是番茄呈现出红色的原因，它具有提高人体免疫力、预防癌症等功效。同时，番茄也富含维生素 C，它能有效提高人体免疫力，也有助于美容养颜。

全球大部分国家的人都会将番茄煮熟后再食用，但也有少数国家喜爱生吃番茄。

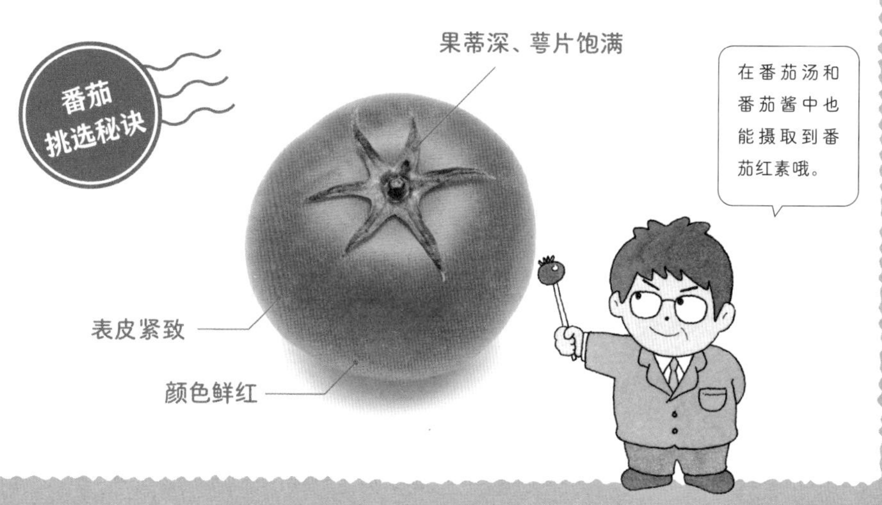

茄子曾被誉为
蔬果中的贵族……
现在竟
沦为
平民

茄子于汉朝时期从古印度传入中国，隋炀帝对茄子尤为偏爱，特将其命名为“昆仑紫瓜”。一直到唐朝末期，茄子都没有在全国广泛播种，仍属于较为金贵的进口蔬菜。

虽然茄子是夏季应季蔬菜，但是由于人们想方设法改进栽培技术，在冬季也可以栽种出茄子，而辛苦栽培出来的茄子在当时被当成高级蔬菜。但到了近现代，人们得以在塑料大棚里栽培茄子，茄子也就变成了一年四季都能买到的“平民蔬菜”了。

仔细观察会发现……
茄子顶部的刺竟是野生时代遗留的特征？

茄子还作为野生植物的时期，为了更好地在大自然中存活，茄子在其根蒂部位进化出了刺。刺可以吸收空气中的水分并保护它们不受动物的侵扰。

蔬果
·小名片·

中文名	茄子
英文名	eggplant
类　别	茄科　茄属
中国主要产地	江苏省 / 四川省 / 云南省

茄子

秘密档案

看上去可怕的“恶茄子”是什么品种？

在茄子的近亲中，有一种名为“恶茄子”的杂草植物。恶茄子也属于茄科，学名喀西茄，广泛分布于广西、福建等地。它的叶子和茎上有很多尖锐的刺，即使戴上专用手套触摸，也会感到疼痛，所以一定不能大意。

茄子不耐寒，请不要把茄子放在冰箱里保存！

茄子的原产地是炎热的古印度，因此茄子不耐寒。如果放在冰箱里，茄子表面会变得褶皱，所以把它们存放在家里阴凉的地方即可。

花青素——
茄子中预防癌症的健康力量

茄子之所以呈紫色，是因为茄子中含有的“花青素”成分是紫色的。花青素具有预防癌症、清洁血管和缓解眼部疲劳等功能，是一种有益于人体健康的物质。

大家一般看到的茄子都是紫色的，但世界上也有像鸡蛋一样的白色茄子，以及绿色的茄子和长条状的茄子。白色和绿色的茄子虽然不含花青素，但加热后食用的话，口感软乎乎的，非常美味可口。

也许是因为有白色的鸡蛋状茄子，茄子在英语中被叫作“eggplant”，意为鸡蛋植物。

花菜曾被过度改良，
竟导致它
无法开花……

西蓝花和花菜都是卷心菜的近亲，它们都是由一种叫作羽衣甘蓝的蔬菜进化而来的。羽衣甘蓝素来以营养超群著称，由它制成的果蔬饮品深受健身群体喜爱。

把羽衣甘蓝的叶子改良成圆形的品种就是卷心菜，把羽衣甘蓝的花蕾改良成能够食用的品种就是西蓝花，再进一步对西蓝花进行改良就成了花菜。

如果不及时采摘西蓝花，让它在田野中自由生长，它就会开出黄色的小花。相比之下，花菜则会不断生长进化，花蕾互相黏在一起，最终无法开出美丽的花。

顺带一提……
西蓝花也是
油菜花的一种

实际上，“油菜花”并不是一种植物的名称，而是泛指十字花科或芸薹属的花。所以，西蓝花和卷心菜都属于油菜花。

蔬果
· 小名片 ·

中文名	西蓝花 / 花菜
英文名	broccoli/ cauliflower
类　别	十字花科　芸薹属

中国主要产地
云南省 / 山东省（西蓝花）
福建省 / 广东省（花菜）

羽衣甘蓝大家族
竟是蔬菜界的名门望族！

在漫长的历史长河中，人类把羽衣甘蓝改良成了各种各样的蔬菜。包括叶子圆圆的卷心菜，花蕾可食用的西兰花和花菜，还有球状叶片可食用的抱子甘蓝等，它们的祖先都是羽衣甘蓝。因此上述的所有蔬菜都有一个共同的学名：*Brassica oleracea*。羽衣甘蓝大家族真可谓是蔬菜中的名门望族！

羽衣甘蓝

抱子甘蓝

花菜

西蓝花

卷心菜

西蓝花是富含营养、预防疾病的专家！

西蓝花中富含能预防感冒等疾病的维生素 C、有益于眼睛和皮肤健康的胡萝卜素，以及具有造血功能的铁元素。西蓝花中维生素 C 的含量约是卷心菜的 4 倍！除了花蕾富含营养，其茎秆中也含有大量的营养物质，所以千万不要浪费它们哦！

与西蓝花相比，花菜虽然营养物质含量较少，但有益于缓解便秘的膳食纤维更加丰富。此外，花菜中的维生素 C 耐热性较强，所以花菜更适宜加热食用。

西蓝花 秘密档案

西蓝花有紫色的品种
但是加热后又会变成绿色

西蓝花也有紫色的品种，名为“紫色西蓝花”。它的茎秆和叶子是绿色的，但是花蕾是紫色的。紫色西蓝花的味道比绿色西蓝花更甜嫩，也更富营养！但是，如果对紫色西蓝花进行加热，它就会变成绿色，就像普通的西蓝花一样。

美味秘方！

为了不让养分流失，
建议采用“蒸”的烹饪方式

西蓝花富含维生素 C，但是维生素 C 易溶于水，如果放在水里煮的话就会使营养物质流失。因此，建议对西蓝花采用“蒸”的烹饪方式。先在锅中放入 3 勺左右的水，煮沸后再放入若干小块西蓝花，盖上盖子，用小火加热 3 分钟左右即可。

花菜

秘密档案

花菜突然变白是因为白化病

花菜是西蓝花突然变白形成的变种。生物发生色素消失、突然变白的现象叫作“白化病”。白色金针菇和白色兔子都是患了白化病的物种。白色墨西哥钝口螈（*Ambystoma mexicanum*）也是患了白化病的物种。

美味秘方!

无米“花菜炒饭”

有时候为了减肥，人们会吃无米“花菜炒饭”。所谓无米“花菜炒饭”，就是把花菜切成丁，对其进行翻炒，白色的花菜丁像极了白米饭。速冻无米“花菜炒饭”在超市也有出售。

无法掉落种子的玉米

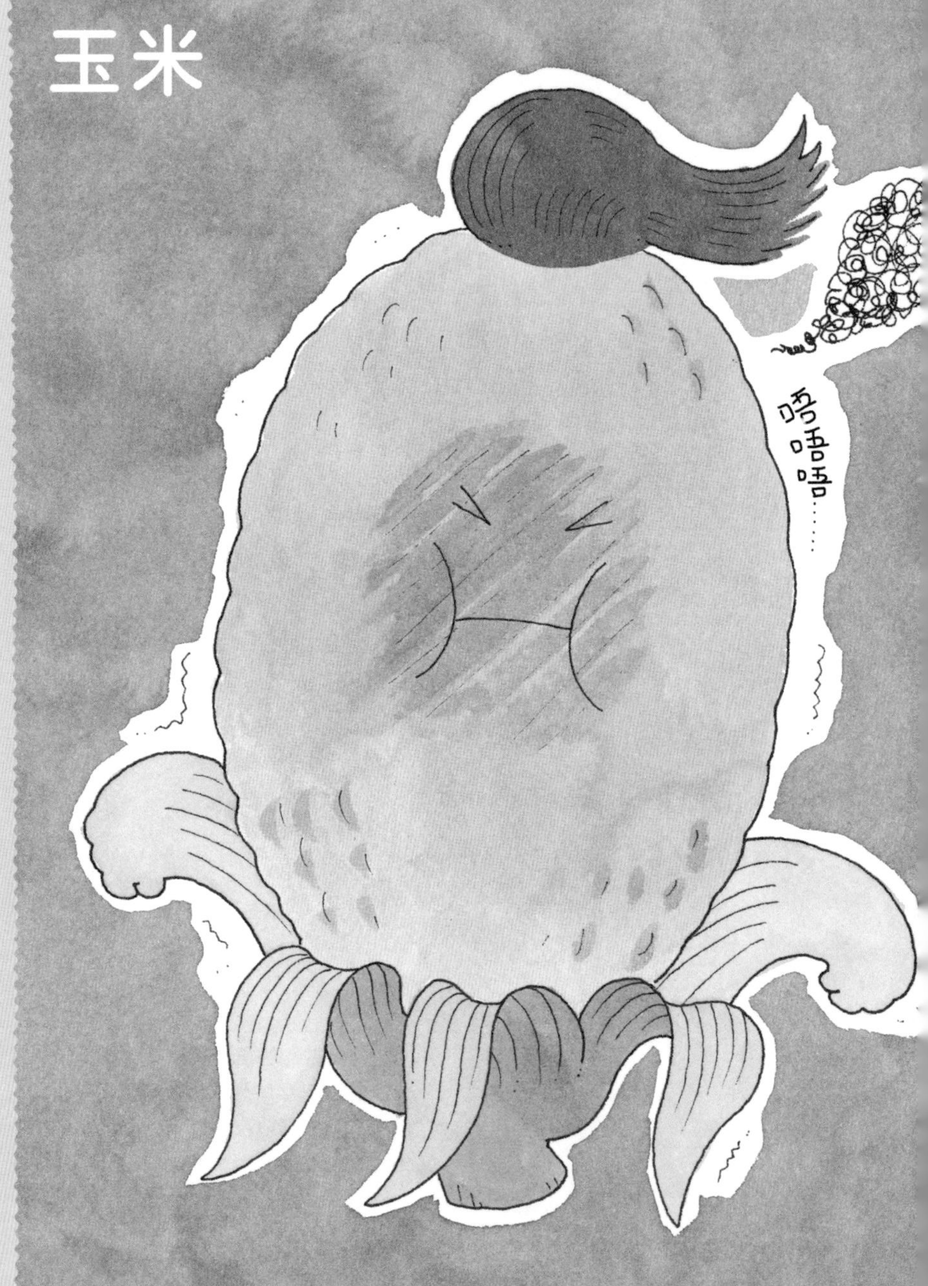

玉米原产于中南美洲，早在史前时期，印第安人便将一种野草驯化成了玉米。玉米在印第安人的心中极为重要，他们将玉米画在了庙宇、神像上，并崇敬象征着幸福与运气的玉米神，玛雅人更是认为人类是由造物主用玉米做成的。大航海时代，哥伦布将玉米传入了欧洲，16 世纪中期，玉米传入了中国。

玉米粒其实是玉米的种子。人们为了不浪费美味的玉米粒，把玉米改良成了种子不易脱落的品种。传播种子是植物的天性，也许玉米也很想让自己的种子脱落吧。商场出售的食用生玉米粒都是未成熟的种子，它们无法发芽生长。而制作爆米花的玉米粒都是完全成熟的种子，把它们泡入水中不久就会发芽。

顺带一提……
你能分清玉米的雄蕊和雌蕊吗？

玉米是雌雄同株异花植物，雄蕊位于植株顶部，便于让花粉随风飘散到雌蕊上。玉米上的像胡子一样的细丝，则是玉米的雌蕊，它被称为“玉米须”。玉米开花之时，顺滑的玉米须随风摇曳，美不胜收。

中文名　玉米

英文名　corn

类　别　禾本科　玉蜀黍属

中国主要产地
黑龙江省 / 吉林省 / 山东省

玉米
秘密档案

玉米不仅是粮食作物，还是重要的经济作物！玉米是世界上分布最广的作物

玉米有着众多品种，它不仅是粮食作物，还可以作为家畜的饲料以及制作点心和植物油的原材料，甚至是工业酒精和胶水的原料。玉米是世界上分布最广泛的作物。

美味秘方！

玉米被采摘一天后，甜度会折半！

由于玉米被采摘后也能自主进行呼吸作用，自身储存的糖分不断被本体所消耗。因此，玉米在被采摘的一天后，含糖量会明显降低。所以，香甜美味的玉米一定要趁新鲜吃哦！

斗志满满的蔬果小故事

玉米被誉为世界三大谷物之一，吃一根玉米就可以横扫疲劳！

玉米能吃的部位是它的种子，所有营养物质都集中在种子里。这些营养物质包括人身体所需的碳水化合物、大脑所需的糖分等，是人类赖以生存的能量来源。同时，玉米还富含有利于身体健康的维生素 C。

玉米常作为蔬菜被人们食用，它的糖分含量比较高，口味香甜，但是如果玉米更成熟一些，糖分就会转化成淀粉。淀粉含量高的玉米可以加工成玉米片之类的主食。玉米和水稻（制作米饭的原料）、小麦（制作面粉和面包的原料），并称为世界三大作物。

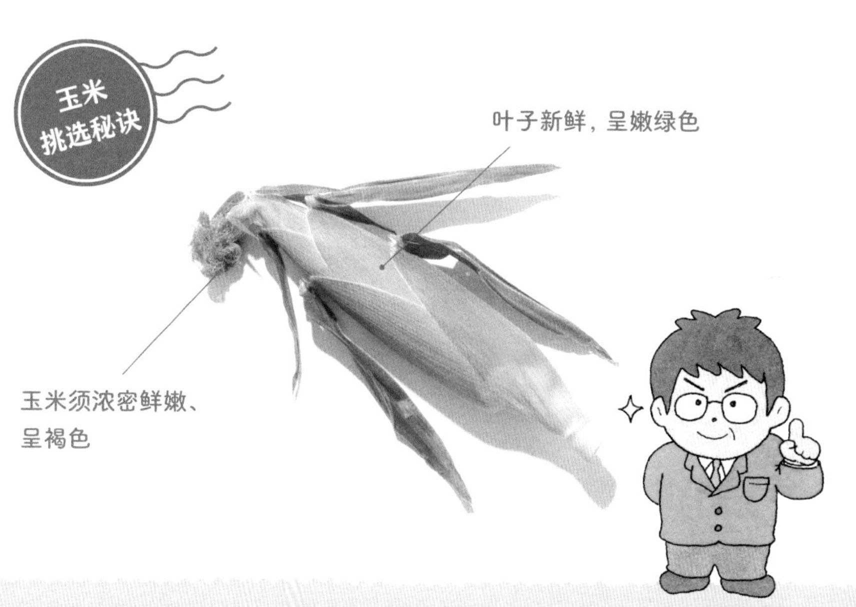

芋头曾经风靡一时，
却被其他薯类作物
抢了风头

芋头原产于东南亚，是人类最早驯化的蔬菜之一，早在公元前 5000 年，亚洲东南部的加里曼丹岛的早期居民便已经开始种植芋头。芋头营养价值丰富，含多种矿物质元素和维生素。芋头对于温度和环境的湿度有着较高的要求，多长于南方一带，体形介于鸡蛋到拳头大小不等。然而在印度，一些芋头却能长到 2 米左右，竖立起来比人还要高。

在古代，芋头在日本人的饮食生活中占据着重要地位，一说到薯类，人们自然会想起芋头。尽管如此，在日本江户时代，从海外舶来的番薯和马铃薯却把芋头的风头都抢尽了。

顺带一提……
中秋节吃芋头寓意着富贵与团圆

中国的江南及潮汕地区，自古就有中秋节吃芋头的习俗，清朝《潮州府志》有云：中秋玩月，剥芋头食之，谓之剥鬼皮。寓意辟邪消灾。芋头由多颗聚合在一起，代表团圆，芋头的谐音“余头”则象征好日子有富余。因此每逢中秋祭月，人们总会将芋头与各类蔬果摆放在一起，庆丰祈福。

蔬果
·小名片·

中文名　芋头 / 芋艿

英文名　taro

类　别　天南星科　芋属

中国主要产地
广西壮族自治区 / 湖南省 / 福建省

芋头

秘密档案

芋头叶就像是一把大伞，能够起到防水的作用

芋头从东南亚传入中国，它看上去就像是生长在热带雨林里的植物，长着巨大的叶子。如果用显微镜仔细观察芋头叶的表面，你会发现叶片上排列着许多微小的凹凸结构。并且叶片上还覆盖着一层像蜡一样的物质，使叶片具有良好的防水效果。

美味秘方！

削芋皮不手痒的小妙招

在削芋头、山药皮后，手部常常会发痒。这是因为它们含有“皂甙”，这种成分对皮肤有刺激性，所以接触皮肤时可能会引起瘙痒等过敏症状。但是，由于皂甙不耐热不耐酸，所以建议大家在煮熟芋头后再剥皮。此外，将手经醋水浸泡后剥芋皮，也能起到止痒效果。

黏糊糊的芋头蕴藏着满满的营养能量

在用芋头做菜时，你会发现有黏糊糊的黏液物质产生，这其实是一种叫作“半乳聚糖”的成分。半乳聚糖有提高免疫力和预防疾病的作用，还能改善肠胃功能。

同时，芋头也富含钾元素。钾元素能消水肿和抗疲劳，所以在疲惫的时候，可以吃一些芋头来补充体力、缓解疲劳。

芋头在东南亚和南太平洋以及非洲、南美洲等地被称为“Taro”（音似“泰罗”）。非洲部分地区现在还以芋头为主食。

蔬果情报栏

深埋地底的薯类果实，到底属于根还是茎？

由于薯类的果实都生长在地底，所以它们的果实都是根吗？
其实，有的薯类果实是块状根，有的则是块状茎。
并且，也有一些像山药那样，
无法清晰分辨果实是块状根还是块状茎的薯类。

红薯 ▶ 块状根

红薯的根部肥大，呈块状。
细长的根须从红薯的末端长出。

马铃薯 ▶ 块状茎

马铃薯地下茎的末端不断膨大，
形成块状。
由于马铃薯果实不是根部，
所以它的表面很光滑。

芋头 ▶ 块状茎

芋头植株上像茎一样的部位
被称为“叶柄”，
它也是芋叶的一部分。
芋头的块状茎是
芋头果实的一部分。

山药 ▶ ?

山药的果实既有根的特征
也有茎的特征，但都不属于这两者，
它被称为“担根体”，
也就是地下块茎。

第二章

想自证清白的蔬果们

“萝卜腿”曾经是用来夸人腿细的词语

被人说是“萝卜腿”，就像是被人嘲笑腿粗，多少会让人感到不愉快。但是在日本的平安时代（公元 794—1192 年），“萝卜腿”却是形容人的腿又白又细的赞美之词。

因为那时的白萝卜又细又长，不像现在这么粗。此外，在比平安时代更久远的奈良时代（公元 710—794 年）的著作《古事记》中，有“像白萝卜一样白皙的手”的记载。

从那以后，白萝卜就被改良成了体形粗壮的品种。据说“萝卜腿”这种形容腿粗的说法，是在江户时代之后形成的。

顺带一提……白萝卜并不是所有部分都是根

白萝卜并不是所有白色的部分都是根。白萝卜的下半部分是根（胚根），上半部分是胚轴。胚轴是萝卜发芽时连接子叶和胚根之间的轴体。

蔬果
·小名片·

中文名	白萝卜
英文名	radish
类　别	十字花科　萝卜属
中国主要产地	河北省 / 山东省 / 贵州省

白萝卜 秘密档案

世界上最重和最长的白萝卜

人们培育出了各种各样的白萝卜，世界上最重的“樱岛萝卜”，重量达 15~30 千克。世界上最长的“守口萝卜”，长度达 190 厘米，保持着吉尼斯世界纪录。而现在，“青首萝卜”以其抗病力强、易收获的优点，在市面上广受欢迎。

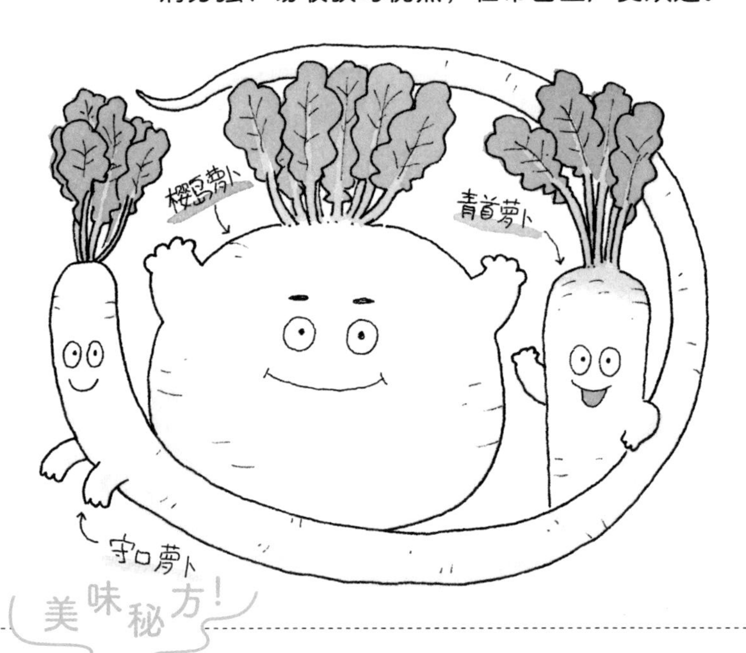

美味秘方！

白萝卜的不同部位味道不同

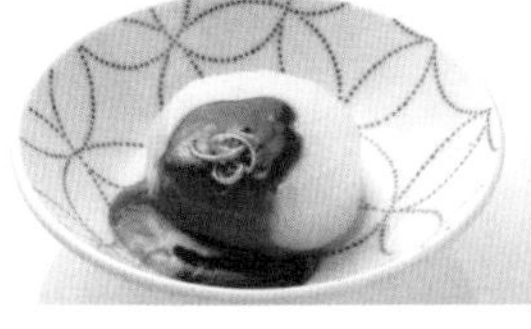

白萝卜越靠近底部的部位味道越辣，如果你喜欢吃酸辣萝卜丝，就可以用白萝卜的底部来切丝。如果想吃炖白萝卜，最好切掉萝卜的底部，这样萝卜会更清甜。此外，白萝卜更靠近叶子的部位也会更加甜，可以做成美味的蔬菜沙拉。

杀菌、促消化，白萝卜丝大有讲究！

白萝卜渣中含有一种叫作“异硫氰酸酯”的成分。当白萝卜被咬碎或被切割时，会产生异硫氰酸酯，具有抗菌、杀菌的作用。即使把生萝卜切成细丝，也不会影响抗菌、杀菌的效果。

此外，白萝卜中富含“淀粉酶”等物质，有助于分解食物中的养分，促进消化。但是一旦萝卜被加热煮熟，这些物质的作用就会失效。所以可以在油炸食品天妇罗或汉堡等食物中搭配一些生白萝卜丝，有助于肠胃蠕动。

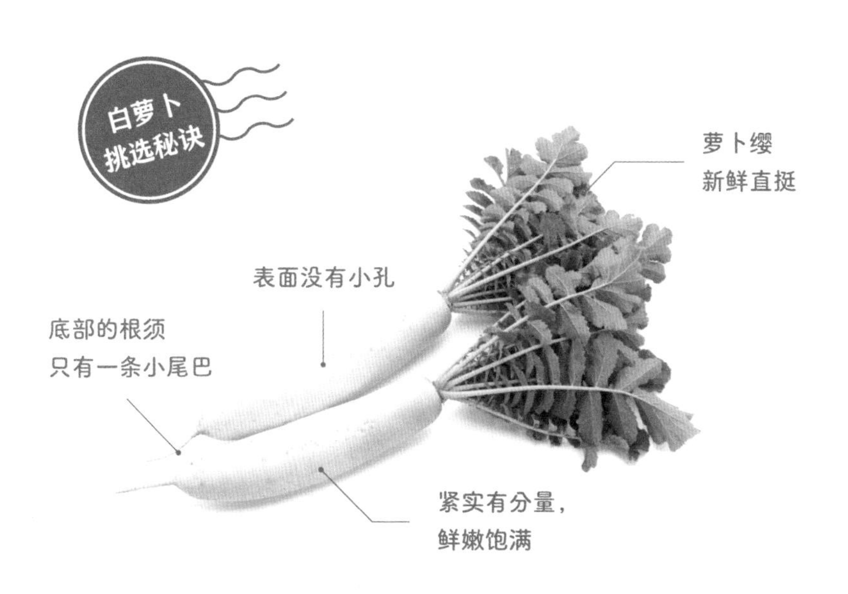

你也能轻而易举地拔出芜菁！

有一本十分有趣的绘本，名叫《巨大的芜菁》，故事讲述了一个老爷爷种了一棵巨大的芜菁，但是他一个人怎么也拔不起来，于是他叫来了家人和动物们一起帮助他，大家一起“嘿咻嘿咻”齐心协力，终于拔出了大芜菁。但实际上，无论多大的芜菁都很容易拔出来。这是因为芜菁圆圆的果实在成熟后会露出土表。

芜菁圆圆的果实并不是它的根部，而是向下生长的子叶的“胚轴”。芜菁的果实是结在土表的。

芜菁并不难拔，所以老爷爷拼尽全力拔出的可能并不是芜菁，而是和芜菁长得十分相似的甜菜。

顺带一提……甜菜可不是芜菁哦

甜菜虽然长得像芜菁，但它其实和芜菁并没有关系，它是同属于藜科的菠菜的近亲。甜菜浑身是宝，除了用来制糖，还能制成优质饲料、味精等。

蔬果 · 小名片 ·

中文名　芜菁

英文名　turnip

类　别　十字花科　芸薹属

中国主要产地

青海省 / 云南省 / 四川省

芜菁

秘密档案

芜菁在中国有六千年以上的栽培史，可谓是其他蔬果的“老前辈”

芜菁是一种生长周期较短且十分耐旱的作物，在中国早期的农业社会中发挥了重要作用，史书记载：“芜菁南北皆有，四时常见，春食苗，夏食心（苔），秋食茎，冬食根。”它在古代常被当成救荒作物而广泛种植。芜菁营养丰富，含有多种糖与氨基酸，同时含有镁、锌等 19 种微量元素。

美味秘方！

为了保持新鲜，芜菁要切掉叶子保存

如果你买了带叶的芜菁，请不要直接将它放到冰箱里保存。这是因为叶子会吸收芜菁果实中的水分，时间一长会导致芜菁味道变质。买了芜菁之后，要立刻把叶子切掉，并将果实部分放入塑料袋中，再放入冰箱。叶子可以在煮熟后放入冰箱冷藏或者冷冻保存。

营养满满的芜菁，快把它整个吃掉吧！

芜菁的果实中富含助消化的淀粉酶，以及能够改善人体健康的维生素 C。如果你想更好地吸收这些营养物质，不妨把芜菁做成沙拉、咸菜等生吃。

不过说来你可能不相信，比起芜菁的果实，芜菁的叶子更有营养。芜菁叶子中的钙元素能使骨骼和牙齿更加坚固，也富含维生素 C，它们分别是芜菁果实的 10 倍和 4 倍。

当你买到带着新鲜叶子的芜菁，可以把它整颗放入菜汤里，品尝富有营养的叶子。

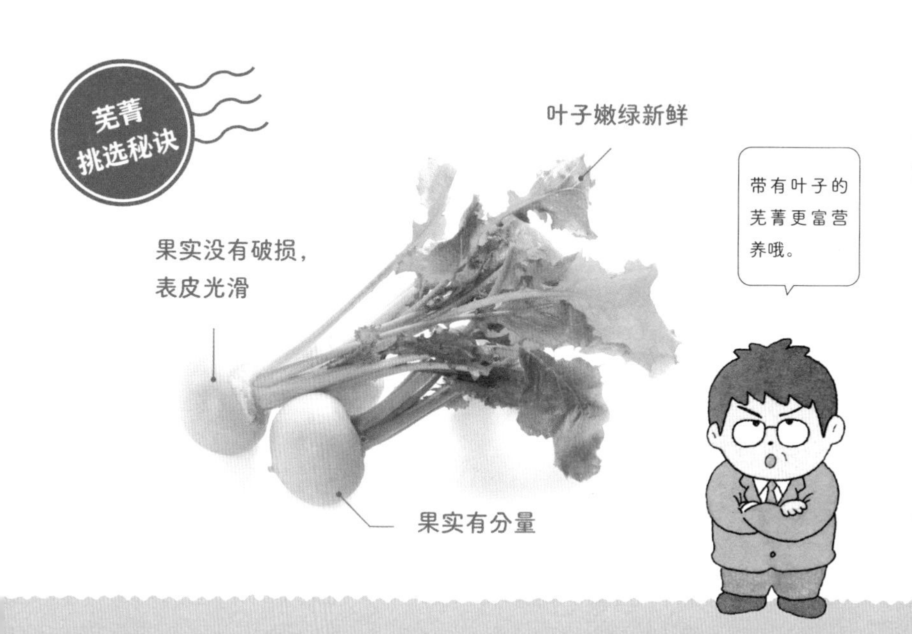

兔子真的喜欢吃胡萝卜吗？

你是不是也觉得兔子喜欢吃胡萝卜呢？我们平时在电视和网络中经常能看到兔子吃胡萝卜的情景。但是，其实兔子并不那么喜欢吃胡萝卜。

在草原上生活的野生兔子以草为主食，因此兔子的肠胃非常发达，能分解只含有少量营养的草，并吸收其中的养分。胡萝卜中糖含量高，如果兔子只吃胡萝卜的话，它就会容易腹泻。

胡萝卜原产于阿富汗，原始时期可不是大众熟知的橙黄色，而是紫色的！在埃及王宫的壁画里就能发现紫色胡萝卜的踪影。元朝时期，胡萝卜由波斯传入中国。

顺带一提……
胡萝卜是欧芹和芹菜的近亲

胡萝卜和白萝卜、牛蒡的外观很相似，但是它们之间没有“亲属”关系。白萝卜属于十字花科，牛蒡属于菊科，而胡萝卜、欧芹和芹菜都属于伞形科，也正因如此，胡萝卜的叶子与欧芹十分相似。

蔬果
·小名片·

中文名	胡萝卜
英文名	carrot
类　别	伞形科　胡萝卜属
中国主要产地	山东省 / 浙江省 / 云南省

胡萝卜

秘密档案

如何逼真地画胡萝卜？

如果画出的胡萝卜不够逼真，可以试着在胡萝卜的身体上画几条横线，这样就非常逼真了。

如果你仔细观察，就会发现胡萝卜的身上确实是有纹理的，而这些纹理上原本生长着胡萝卜的细根。这些细根沿四面八方扎根在泥土中，最终将吸收来的营养都储存在了胡萝卜里。

美味秘方！

胡萝卜不削皮也能吃，用勺子刮掉皮即可

有的农民伯伯在售卖胡萝卜之前，就已经把胡萝卜洗干净了，所以买回去之后不用特意给胡萝卜削皮，直接用水洗净就可以吃了。如果不喜欢吃皮，也可以直接用勺子把胡萝卜的皮刮掉，这样一来也不会过度浪费果肉。

延缓皮肤老化、提高免疫力，胡萝卜素有神效！

胡萝卜呈橙色是因为它富含胡萝卜素。胡萝卜素是橙色的，它进入人体内之后会转化成维生素 A。

胡萝卜素除了有延缓皮肤老化的作用外，还能提高人体的免疫力。由于胡萝卜素具有脂溶性，所以把胡萝卜与橄榄油、黄油等一起搭配烹饪会更易于人体吸收其营养。

此外，胡萝卜的叶子也富含胡萝卜素和维生素 E 等营养成分。维生素 E 因具有抗衰老的功效，而被誉为“返老还童维生素”，同时它也能预防疾病。

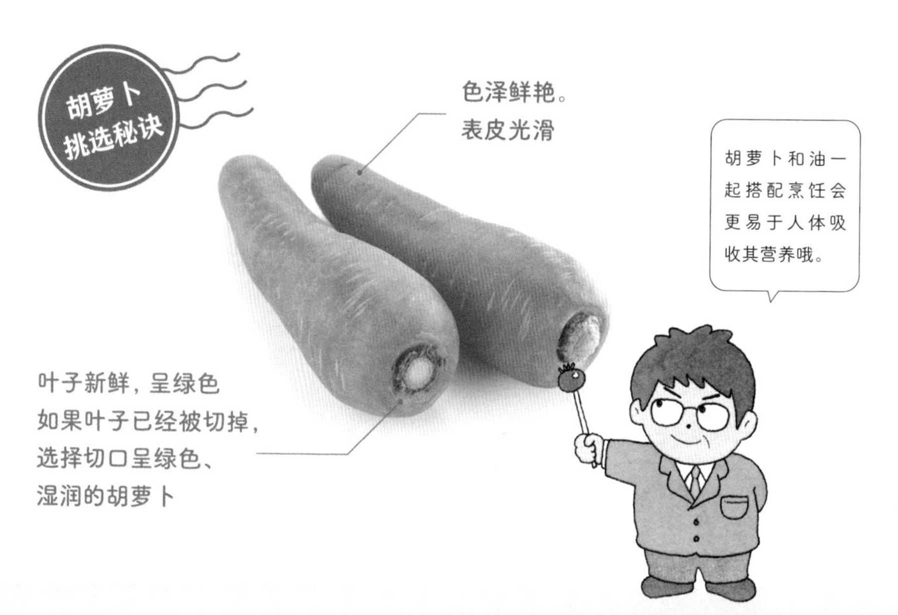

牛蒡
可不是杂草

牛蒡在世界各地均有分布，“牛蒡”的“牛”是形容它枝叶粗壮，而“蒡”则是指它在野外丛生。但牛蒡可不是杂草，它富含花生酸、牡丹酚等多种营养成分，且肉质的根部能够食用，清香脆嫩。

牛蒡的果实上长满尖刺，很容易粘在衣服和动物的身体上，所以牛蒡在中国又被称为“恶实”，听上去是一个讨人厌的名字。

而在美国，由于牛蒡的果实会粘在牧牛的身上，它也被当作是杂草而不招人喜欢。

顺带一提……
牛蒡的花语是烦扰

牛蒡的花比根更为人所熟知。牛蒡的花语是“烦扰”，似乎也给人一种负面的印象。

蔬果
·小名片·

中文名	牛蒡
英文名	edible burdock
类　别	菊科　牛蒡属
中国主要产地	江苏省 / 山东省 / 辽宁省

牛蒡

秘密档案

魔术贴的发明竟是受了牛蒡果实的启发

在运动鞋和西服上经常能看到魔术贴，使用起来非常方便。魔术贴是一个瑞士发明家发明的，据说他带着爱犬出门散步时，发现了自己的衣服和狗毛上粘上了牛蒡的果实，于是他便受牛蒡的启发发明了能简便粘连的魔术贴。

美味秘方！

如何轻松刮掉牛蒡皮

牛蒡皮下的果肉美味可口，但是我们需要把皮轻轻地刮掉。可以把菜刀的刀背放在牛蒡上，控制刀左右移动、摩擦，这样就能轻松地刮掉表皮。或者我们可以把铝箔纸包裹住牛蒡，来回上下摩擦，这样也能轻松刮掉表皮。

斗志满满的蔬果小故事

牛蒡富含膳食纤维，能有效改善肠胃环境！

牛蒡是膳食纤维含量最高的蔬菜之一，膳食纤维具有润肠通便的功效。同时，牛蒡还富含“低聚糖”，低聚糖是肠胃中益生菌的重要养料。可以说，牛蒡是一种能有效调整肠胃功能的健康蔬菜。

切开后的牛蒡，切口会与空气直接接触，随之变成褐色。这种褐色的物质是“多酚”，能起到抗衰老的作用。把牛蒡切开后立刻放在清水中浸泡，可以防止牛蒡变色。同时，为了防止多酚的流失，在切牛蒡前就可以把它浸泡在清水中 1~2 分钟。

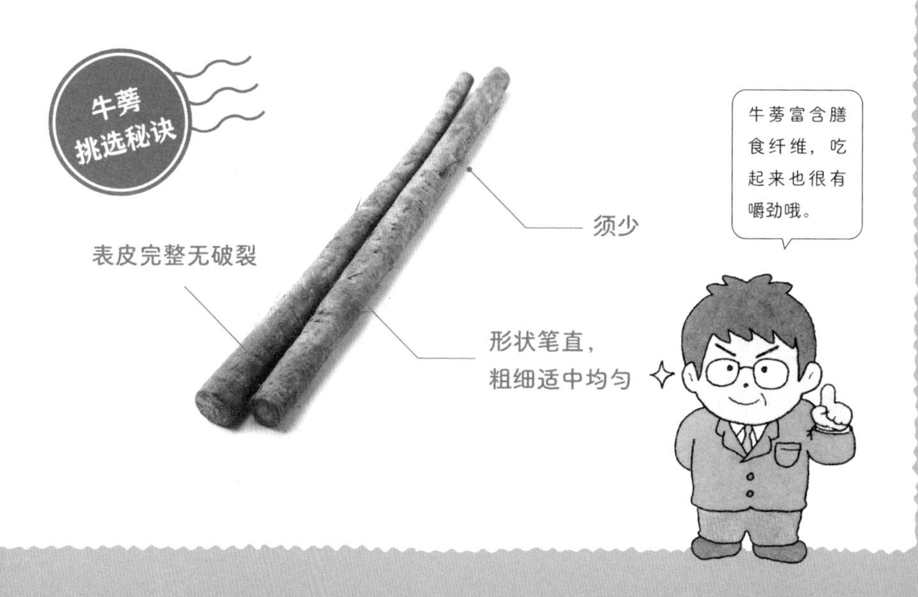

明明是绿色，为什么要叫黄瓜？

黄瓜就是黄色的瓜，据说这是黄瓜名字的来源。但实际上，黄瓜只有在成熟之后才会变成黄色，这时它的果实也会逐渐变成长条圆柱体，犹如丝瓜。

过去，人们只吃成熟的黄色黄瓜。后来有人偶然发现没熟的黄瓜竟然如此清脆可口。于是从那时开始，人们在黄瓜变黄之前便将其采摘下来食用。

我们平时吃的就是没熟的黄瓜哦。

顺带一提……
黄瓜是世界上热量最低的蔬菜

黄瓜的含水量高达 95%，被认为是世界上热量最低的蔬菜。

蔬果 · 小名片 ·

中文名	黄瓜
英文名	cucumber
类　别	葫芦科　黄瓜属
中国主要产地	河北省 / 山东省 / 河南省

黄瓜
秘密档案

日本江户时代的武士们竟不吃黄瓜?

在日本江户时代（公元 1603~1868 年），武士们全都不吃黄瓜。这是因为德川幕府的家徽——三叶葵，与黄瓜的横切面非常相像。于是对将军家族忠心耿耿的武士们认为，吃与将军家徽相似的黄瓜就是对将军的不尊敬。

美味秘方!

防止黄瓜涩口的小妙招

所谓涩口就是食材中的涩味与苦味，黄瓜吃起来涩口是由于黄瓜中含有丙醇二酸。若要去除黄瓜的涩味，可以切掉一段黄瓜的根部，并将两块黄瓜的横截面互相来回轻轻摩擦，最后用水冲洗掉摩擦产生的白色液体，这样一来黄瓜的涩味便消失了。

斗志满满的蔬果小故事

黄瓜是天然的“运动饮料”！预防中暑的必备良品

黄瓜中的水分高达95%，可谓是夏季消暑补水的必备良品。

人体内的电解质主要包含钠和钾等元素，具有维持人体正常代谢，体液环境稳定以及各器官功能正常运行的重要作用。人体在出汗后，随着水分流失，体内的电解质等物质也会流失。如果出汗后只补充水分而不补充电解质，会引起中暑。

黄瓜富含电解质中的钾元素。并且，如果在黄瓜上撒点盐再吃的话，还能给身体补充钠元素。因此可以说，黄瓜是天然的“运动饮料”。

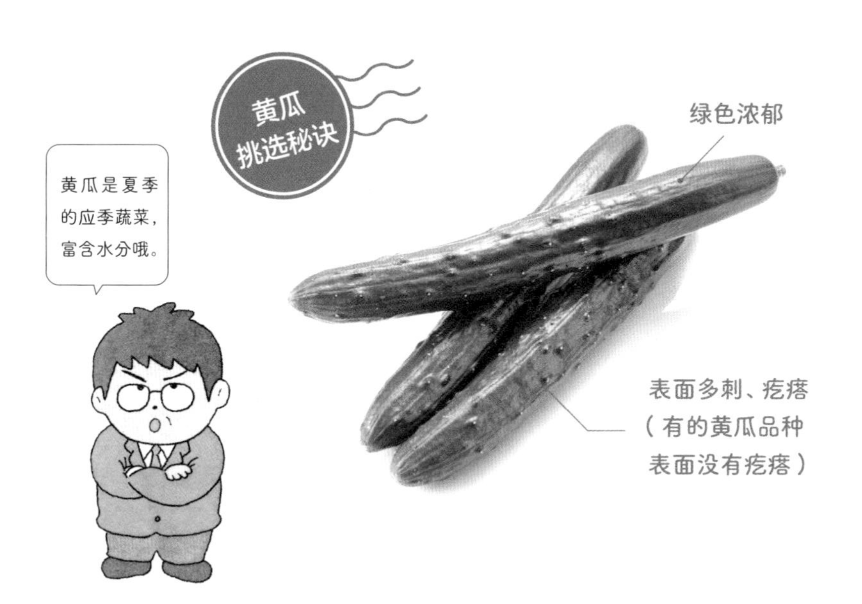

被孩子们讨厌的未成熟青椒

你喜欢吃青椒吗？很多小朋友都不喜欢吃青椒，原因是它有股奇怪的苦味。实际上，这种苦味是青椒在还没成熟时产生的，用来驱赶动物，防止被它们吃掉。青椒在成熟后就会变成红色，苦味也会变成甜味。

青椒在尚未成熟的时候就被采摘下来，还被很多小朋友所厌恶，其实青椒自己也“有苦难言”吧。

青椒原产于中南美洲热带地区，由辣椒演化而来，约 100 多年前引入中国种植。虽然名字叫作“青”椒，但新培育的品种中还有红、橙、黄等各种颜色。

青椒的近亲是成熟甘甜的彩椒

青椒的近亲是彩椒，它在成熟后才被采摘，味甜。市面上比较热销的彩椒除了有红色、橘黄色和黄色的品种，还有绿色、紫色、黑色、白色和褐色的品种。

蔬果·小名片·

中文名	青椒
英文名	sweet pepper
类　别	茄科　辣椒属
中国主要产地	吉林省 / 山西省 / 黑龙江省

青椒

秘密档案

青椒的英文名意为“甜甜的辣椒”

青椒是辣椒的一种改良品种，营养丰富，但它没有辣椒那么辣，辣味较淡甚至根本不辣，因此常作为蔬菜食用而非调味料。

青椒在英语中被称为“甜甜的辣椒”（sweet pepper）。

美味秘方！

青椒整根烤熟就尝不出苦味？！

青椒的苦味会在加热之后消失。但这种苦味成分在与空气接触后，仍然会保留下来。所以把青椒切开后再加热，依然会有苦味。最好的方法是把整根青椒烤熟或者蒸煮，这样一来苦味就会消失。快动手试试吧！

青椒是“维生素之王”，所含维生素C竟比柠檬还多！

说起富含维生素 C 的食物，人们通常会想到柠檬或者橙子。但实际上，青椒的维生素 C 含量远超柠檬和橙子。同时，青椒还富含胡萝卜素，胡萝卜素能在人体内转化为维生素 A，并且有助于皮肤黏膜细胞再生，增强皮肤抵抗力。

此外，青椒筋和青椒籽中还含有能促进血液循环的“吡嗪”和辣椒素。所以，营养如此丰富的青椒，一定要全部吃掉哦。

莲藕
可不是莲的根部

莲藕生长在泥层深厚肥沃的黏土中，所以大概很多人都会错认为莲藕就是莲的根。实际上，莲藕是莲的地下茎。顾名思义，地下茎就是生在地面以下的茎。

莲是生长在池塘中的水生草本植物。莲藕作为它的地下茎，自然生长在池塘底部的淤泥中。

莲藕是一种蔬菜，口感鲜嫩脆甜，它外形像根，但实则是莲的地下茎，又因色白而被称为“白茎”。与之相似的还有芋头和马铃薯等蔬菜，它们也是植株的地下茎。

顺带一提……

莲花竟能长出“蜂窝”？

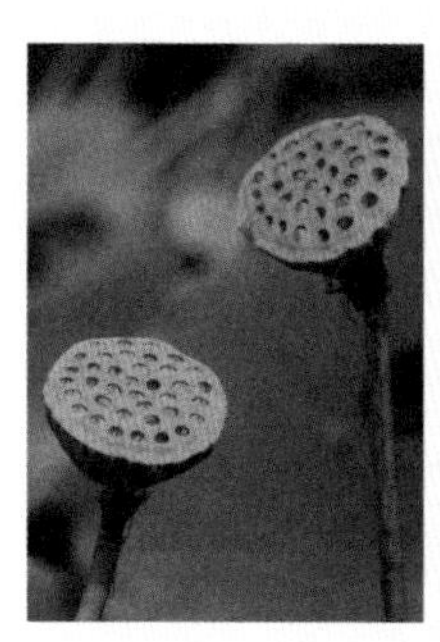

莲花凋谢后，残留的那部分被称为莲蓬。莲蓬的外形非常像蜂窝，并且每个小孔里都藏有一颗莲子。

蔬果

· 小名片 ·

中文名	莲藕
英文名	lotus root
类　别	睡莲科　莲属
中国主要产地	江苏省 / 浙江省 / 安徽省

莲藕

秘密档案

莲藕有多少个孔？

莲藕上有多少个孔呢？答案并不固定。根据莲藕的生长环境，孔数也不尽相同。大部分莲藕的横截面上都是中央一个孔，周围九个孔。由于莲藕的生长环境是在水底的淤泥中，所以莲藕需要用这些小孔来连接露出水面的莲叶，以获得空气。

美味秘方！

将莲藕泡入清水中以防变色，泡入醋水中口感会更加酥脆可口哦！

莲藕切开后，与空气接触的切面就会变黑。这是因为莲藕中一种叫作单宁酸，也叫鞣酸的物质与空气发生了化学反应。为了防止莲藕变色，可以在切开莲藕后迅速将其浸入清水中。如果将切好的莲藕放入醋水中，莲藕会变得更加洁白，吃起来口感也会酥脆可口。

富含维生素C的美肤蔬菜！

莲藕富含维生素 C。维生素 C 被加热后容易流失，不过莲藕中的淀粉对维生素 C 起了保护作用，这样一来即使莲藕被加热，其中的营养物质也不会完全流失。

同时，莲藕中的单宁酸具有保护肌肤、美白的功效，所以多吃莲藕也能美容养颜哦。此外，莲藕中的膳食纤维也具有通便润肠、缓解便秘的功效。

体形大、有分量

孔的内部未发黑

即使将莲藕蒸煮，其中的维生素 C 也不易流失。

吃番薯不放臭屁

人吃了番薯为什么容易放屁呢？在我们的肠道中，既有对身体有益的益生菌，也有对身体不好的有害菌。而肠道在消化食物的时候会发生蠕动，随着肠道内细菌的活跃以及食物逐渐被分解，于是便产生了气体，这些气体被排出就成了屁。番薯富含膳食纤维，而膳食纤维能促进肠道蠕动和益生菌的活跃，从而有助于排气排便。

人为什么会放臭屁呢？原因在于臭屁中臭味的源头——蛋白质被分解后产生的硫化氢气体。不同于肉类，番薯中的蛋白质含量较少，所以几乎不会产生硫化氢气体，也就没有臭味。

顺带一提……
番薯的曲折引进史

明朝时有一个落第秀才叫作陈振龙，他在菲律宾发现了番薯这一美味易种且产量高的作物，为了将其偷渡回当时土地较为贫瘠的中国南方，他把一根番薯藤偷偷混入船上的缆绳中，并涂抹上污泥，才得以蒙混过关。

蔬果
·小名片·

中文名	番薯
英文名	sweet potato
类　别	旋花科　番薯属
中国主要产地	河北省 / 河南省 / 山东省

番薯

秘密档案

烤番薯香甜可口的秘密——酶

用发烫的小石子和专门的锅具烤出来的番薯香甜可口，而香甜的秘密就藏在一种叫作“酶”的物质里。用石子烤番薯，经过长时间的加热，番薯中的淀粉酶逐渐将淀粉分解成甜甜的麦芽糖，香甜的烤番薯就新鲜出炉啦！

美味秘方！

松软香甜型还是粉糯厚实型？一起品尝不同品种的番薯吧！

市面上的番薯主要分为黄心番薯和红心番薯两种。黄心番薯淀粉含量高，水分低，所以吃起来又粉又面；而红心番薯含糖量高，淀粉含量低，所以口感又软又甜。两种番薯整体营养成分类似，你更喜欢哪种口感呢？

富含各种营养成分、“内外兼修”的番薯

番薯虽甜，但它的热量要低于大米和小麦，并且富含营养！

番薯中富含的维生素 E 有抗衰老的功效。同时，番薯紫色表皮中的多酚也有美容养颜的功效。

此外，番薯中还富含能促进肠道蠕动、缓解便秘症状的植物纤维。

综上所述，番薯一身是宝，可谓是“完美的营养蔬菜”。

蔬果知识小测验
找一找下列蔬果有哪些共同点。

日常随处可见的蔬果也有很多不为人熟知的小秘密哦，
它们虽然品种不一，形态各异，却也有着很多的相似之处。
你能从下面这四组蔬果中找到它们的共同点吗？

第 1 题

❶白菜 ❷西瓜 ❸南瓜 ❹荠菜 ❺甜瓜

提示 ▸ 它们都来自同一个地方。

第 2 题

❶黄瓜 ❷杨梅 ❸生菜 ❹番茄

提示 ▸ 它们能够拯救大汗淋漓的你。

第 3 题

❶丝瓜 ❷玉米 ❸茄子

提示 ▸ 它们能同时出现在你的餐桌上。

第 4 题

❶冬枣 ❷猕猴桃 ❸彩椒

提示 ▸ 它们都对健康很有益处。

答案

第1题：它们都是原产于中国的蔬果。

第2题：它们都是含水量超过90%的蔬果。

第3题：它们都是夏季的应季蔬果。

第4题：它们都是每100克维生素C的含量超过100毫克的蔬果。

第三章

让人意想不到的蔬果们

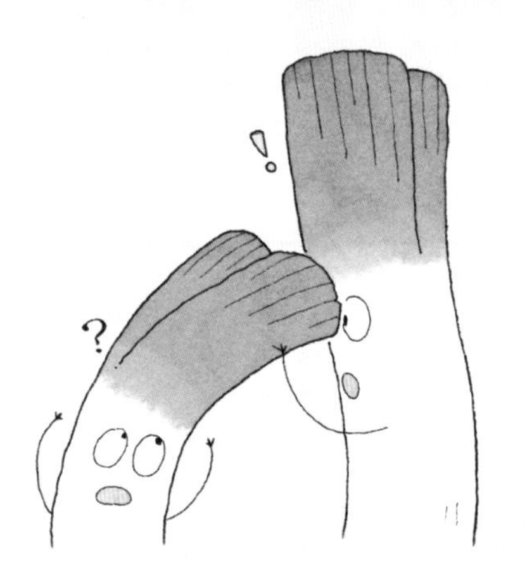

卷心菜的叶子
竟是被人为
卷起来的？

从 2000 多年前起，人们就开始吃卷心菜了。最初人们在栽培卷心菜时，卷心菜的叶片是展开的。后来在人们不断改良的过程中，卷心菜就变成了如今这个样子——叶片层层包裹组成的球形。球形的卷心菜不仅吃起来美味可口，而且在运输过程中也不易受损，更不易受到虫子的侵害。

卷心菜会根据季节的不同而改变自身叶片的状态。冬季卷心菜的叶片会紧密包裹，紧实有分量。而到了春季，卷心菜的叶片微微舒松，脆嫩鲜绿。

顺带一提……
卷心菜菜心其实是它的茎秆

卷心菜菜心其实是它的茎秆，会一直朝着上方生长。如果让卷心菜自由生长，它们就会开花。

蔬果
·小名片·

中文名	卷心菜
英文名	cabbage
类　别	十字花科　芸薹属
中国主要产地	河北省／山东省／河南省

秘密档案

卷心菜最适合生吃？！

我们经常能够看到凉拌卷心菜丝和炸猪排、炸薯条等一起搭配食用。卷心菜水分含量高，约 90%，热量低，是一种水溶性维生素含量丰富的蔬菜。卷心菜一旦被加热，营养物质会随着水分析出而流失，因此更适合生吃。

美味秘方！

用湿润的厨房纸可以让卷心菜存放更久哦！

买来的整颗卷心菜，只要稍微加以处理就能长时间保存。可以用菜刀切除菜心，然后用湿润的厨房纸把中间填满，最后用塑料袋密封保存即可。将包好的卷心菜放入冰箱，这样就可以长期保鲜了。

毕达哥拉斯
也发现了卷心菜的功效

卷心菜中富含的维生素 U 和淀粉酶具有促进消化、调理肠胃的功效。这一功效在很久之前就被人们所了解。例如，在古希腊时期，卷心菜就被人们当作药用植物投入使用。著名的数学家毕达哥拉斯曾言“卷心菜是能安神、带来活力的蔬菜”。

卷心菜最早起源于 2000 多年前的地中海沿岸，后传入欧洲各国。卷心菜通过马可·波罗的丝绸之路传入中国，当时被称为“洋白菜”。

卷心菜挑选秘诀

春季卷心菜

菜叶松弛、富有弹性
菜帮干净，没有破损

冬季卷心菜

菜叶紧实，有分量

白菜在冬天被“五花大绑”

白菜是冬季的应季蔬菜。如果在冬天向田里望去，你就会发现白菜都被绳子绑得结结实实的。这并不是谁的恶作剧，白菜也不会自己逃跑，那为什么要绑住它们呢？

其实，绑白菜是为了防止霜冻。如果叶片上结了霜，气温过低的话，白菜就会枯萎死去。为了防止这种情况发生，人们把白菜最外圈的叶片紧紧绑在一起，使中间的叶片被团团裹住。等到白菜成熟采摘的时候，再把最外圈的叶片解开。

不过也有一些品种的白菜，它们的叶片自己便可以卷起来，就不需要农民伯伯们帮它们采取“保暖措施”了。

顺带一提……

白菜的英文名

叫作“中国卷心菜”

白菜的英文名叫作“Chinese cabbage”，意为“中国卷心菜”，但是白菜和卷心菜是不同种类的蔬菜。白菜是小白菜和芜菁的近亲。

中文名	白菜
英文名	Chinese cabbage
类　别	十字花科　芸薹属
中国主要产地	辽宁省 / 河北省 / 湖南省

白菜
秘密档案

白菜起源于中国，是百菜之首

新石器时期的西安半坡原始村落遗址发现的白菜籽距今有6000～7000年，《诗经》《礼记》中都有关于白菜的记载。说明在古代，白菜已经成为普通民众日常饮食中的重要蔬菜之一，明清时期又因产量大、口感好、贮藏时间长而成为百菜之首。白菜于19世纪传入欧美各国。

美味秘方！

白菜上黑色的“雀斑”是什么？

白菜叶上的黑色斑点可不全是污垢或者病虫害哦。营养吸收过剩、采摘时间过早或过晚……由于种种原因，白菜非常容易受到影响，于是便会出现黑色的斑点。这些小斑点看起来就像是人类的雀斑，但是可以放心食用。

煮白菜富含维生素C，多吃点补充营养吧！

白菜对身体和皮肤好处多多，富含可预防感冒的维生素 C，同时还富含能调理肠道健康的膳食纤维。

白菜有多种烹饪方式，但如果不想浪费白菜的营养，还是首推水煮白菜。白菜的叶脉中含有大量水分和营养，经过水煮，叶脉中的水分和营养会溶解到汤里。因此，煮熟后的白菜会变得非常软嫩，汤汁也鲜美无比。吃完煮白菜，再喝点美味的汤汁来补充营养吧！

用白菜煮火锅，既美味又有营养哦。

菠菜竟有雌雄之分？！

菠菜既有开雄花的雄性株，又有开雌花的雌性株。绝大多数植物的花中同时有雄蕊和雌蕊，或者一个植株中既有雄花又有雌花。但是像菠菜这种雌雄异株的蔬菜非常少见，因此它也是研究植物性别决定因素的理想作物。

不过，如果要判断一颗菠菜是雄性株还是雌性株，只有等开花了才知道。但是，菠菜在开花之前就已经被农民伯伯采摘了。可怜的菠菜，甚至还不知道自己的性别，就已经被我们吃进了肚子里。

顺带一提……
菠菜就像田野里的绿色“玫瑰”

从上往下俯瞰田野里的菠菜，你会发现它们的叶子犹如玫瑰花一般向四周舒展开来，而这种类似玫瑰的形状被称为“蔷薇结”（玫瑰又名蔷薇）。

蔬果
·小名片·

中文名　菠菜

英文名　spinach

类　别　藜科　菠菜属

中国主要产地
山东省／江苏省／广东省

菠菜 秘密档案

西亚“波斯”国——菠菜名字的起源

菠菜起源于 2000 年前亚洲西部的波斯，即现在的伊朗，因此又名波斯菜。菠菜是唐代贞观年间由尼波罗国（今尼泊尔）作为贡品传入中国的，最初叫波棱菜，后简称菠菜。

将煮熟的菠菜放凉是有原因的

将刚煮熟的菠菜用流动冷水快速冲洗，这样既能保持菠菜碧绿的颜色，又能使菠菜变得更加美味，还能使菠菜不涩口。涩口是由食物中的苦味或涩味等引起的。菠菜涩口是因为它含有“草酸”。由于草酸具有水溶性，所以用水冲洗菠菜能缓解涩味。

菠菜能有效预防贫血，冬季营养尤其丰富

菠菜中富含造血原材料之一的叶酸和促进人体造血功能的铁元素，因此具有预防贫血的功效。同时，菠菜也富含有利于保持眼睛和皮肤健康的胡萝卜素和提高人体免疫力的维生素 C。

冬季菠菜比夏季菠菜更甜，所含营养也是夏季菠菜的 3 倍。这是因为冬季气温低，为了防止叶片中的水分冻结，菠菜叶片中储存了大量营养。

生菜的“牛奶杀虫剂”

用刀轻轻切开生菜的茎部，你会发现切口处竟会流出像牛奶一样的白色液体，里面含有可以杀菌驱虫的莴苣素。如果你品尝一下，会发现它竟然有股苦味。生菜为了驱赶虫子，用这种苦涩的汁液来保护自己。

生菜其实是叶用莴苣的俗称，它和莴笋、油麦菜同属于莴苣这一物种。生菜由野莴苣驯化而来，原产于欧洲地中海沿岸。生菜先是传播到了古埃及，被改良成了油用生菜，法老们在神庙里种植生菜，并将它作为一种神圣的植物。古罗马时期生菜又传播到南欧地区，与当地野莴苣杂交后改良成了叶用生菜。

顺带一提……
许多菊科蔬菜的茎内都有白色液体

茎内有牛奶一般的白色液体，这是菊科植物的专属特征。例如和生菜同属菊科的茼蒿，切开其茎部也会流出白色液体。

蔬果
· 小名片 ·

中文名	生菜
英文名	lettuce
类　别	菊科　莴苣属
中国主要产地	山东省 / 四川省 / 河北省

生菜

秘密档案

“谨慎发育”的生菜

在播种生菜时，如果覆盖了太多泥土就会导致它无法发芽，这种性质叫作“光萌发性”，很多植物的种子都具有这种特性。而生菜作为需光种子，只有在没有光线遮蔽、易生长的地方才能发芽，也是十分小心谨慎呢。

美味秘方！

手撕生菜更美味？

如果用铁刀切生菜，切口处就会立刻变成茶褐色。这是因为生菜细胞中的物质与铁刀上的铁元素以及空气中的氧气接触后，会发生化学反应。不过，如果用不锈钢刀来切，生菜就不太会变色。为了保险起见，最好还是用手把生菜撕碎。

强健骨骼的良品，推荐用油翻炒！

虽然生菜中超过 90% 都是水分，但也富含具有强健骨骼功效的钙元素和能促进骨骼吸收钙的钾元素。生菜和油搭配在一起吃，更有利于人体对钙的吸收！虽然生菜通常被用来做沙拉，但是用油翻炒也是不错的选择。

生菜的种类繁多，其中具有代表性的就是卷心生菜，也称“结球莴苣”。与卷心生菜相比，它的同类奶油莴苣更富营养，其铁元素含量是卷心生菜的 8 倍，胡萝卜素含量更是达到了卷心生菜的 9 倍。

大葱努力破土而出，
结果却……

当前世界上现存葱属蔬菜四五百种，其中一百种以上在中国。大葱因产量大消耗多且营养价值高，成了人们餐桌上的常客。但大葱并不起源于中国，而原产于西伯利亚，但如今与山东水土最为相宜，成了鲁菜的标志性蔬菜。

大葱之所以“白”，是因为它深埋于土里生长。大葱每每向上生长，都会再次被泥土所覆盖，导致它无法接收光照。努力的大葱拼尽全力向上生长，却还是无法沐浴到温暖的阳光，真是令人心酸啊！

顺带一提……
大葱的葱白部分
其实是它的叶子，而不是茎

你是不是也认为大葱的葱白部分是茎秆，葱叶部分是叶子呢？

实际上，我们吃的葱白部分才是大葱的叶子。

中文名	大葱
英文名	welsh onion
类　别	百合科　葱属
中国主要产地	山东省 / 河南省 / 河北省

大葱

秘密档案

不断“内卷”的葱叶

葱心曾是过去的表皮，表皮是将来的葱心。

大葱的叶子犹如软管一般，呈细长状，内部中空。这是因为大葱的叶子向内不断卷曲，也就是说，大葱筒状叶子的内心曾经是叶子的表皮，我们现在能看到的叶子表皮将来也会不断向内卷曲。真是不可思议！

美味秘方！

喜欢吃辣就生吃大葱，喜欢吃甜就慢煮大葱

生大葱味辣，常搭配面条或凉拌豆腐食用。但是，大葱在加热之后辣味就会消失，并且还会产生甜味。用小火或者中火慢烤出来的葱段香甜可口。此外，将葱白和金枪鱼放在锅中慢煮，这就是有名的“葱段金枪鱼火锅”，备受人们喜爱。

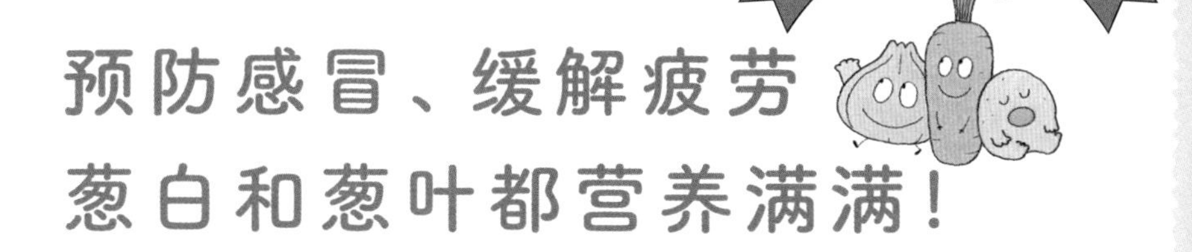

预防感冒、缓解疲劳 葱白和葱叶都营养满满！

大葱的葱白和葱叶部分所含的营养物质各不相同。

葱白部分富含大蒜素，具有杀菌、抗菌、增强食欲和缓解疲劳的功效。

葱叶部分富含胡萝卜素，能保持皮肤和黏膜的完整性，避免皮肤黏膜过度角化。葱叶中也富含钙元素，能使牙齿和骨骼变得更加坚固。此外，葱叶内侧黏液中含有的果聚糖还能提高人体免疫力。

总之，无论是葱白还是葱叶，都是营养满满。

熬过寒冬的蔬菜会更加美味

很久之前，在寒冷的地区，人们在冬天之前
不会采摘白菜、卷心菜、白萝卜和胡萝卜等蔬菜，
而让它们埋在大雪之下度过寒冷的冬季。
这些在雪中度过冬天的蔬菜被称为“越冬蔬菜”。
如今，有些农民还会售卖这些蔬菜。
由于越冬蔬菜要在冰冷的大雪之下度过冬季，
所以它们为了不让自己受冻，在体内储存了大量的糖分，
这样一来，自身的细胞就不会挨冻了。
在大雪中熬过寒冬的蔬菜们，吃起来会更加清甜可口。

白雪皑皑的萝卜田

从雪中挖出的
卷心菜

第四章

深藏不露的蔬果们

“力大无穷”的豆芽

“豆芽菜”经常被用来形容那些像豆芽一样白白瘦瘦，看上去无精打采、没有什么力气的孩子。但是被人们这么形容，豆芽肯定不开心。这是因为豆芽实则富含营养，是“元气满满”的蔬菜。

传说郑和下西洋时，携带了大量便于储存的豆类用于随时生发豆芽食用。豆芽丰富的维生素 C 帮助航海人克服了坏血病。此外，在距今约 700 年前的日本南北朝时代，也曾有这样一个传说：武将楠木正成在守城时，让士兵们吃了豆芽，从而成功抵御了敌人的进攻。

顺带一提……
除了豆芽外，
还有很多可食用的新芽

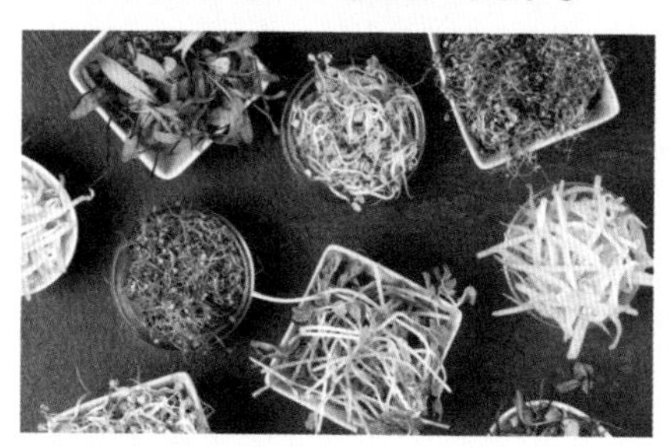

除了豆芽外，白萝卜、西兰花、荞麦、香椿、花椒等蔬菜的新芽也可以食用。这些蔬菜发芽后不仅没有毒，营养含量反而大幅提升。

蔬果
· 小名片 ·

中文名	豆芽
英文名	bean sprouts
类　别	豆科
中国主要产地	河南省 / 安徽省 / 山东省

豆芽 秘密档案

豆芽的“芽”取自萌芽的“芽”

实际上，“豆芽”并不是一种植物的名称。豆类的种子未经阳光照射，只给予水分让其发芽，这些长出的芽便统称为“豆芽”。也就是说，所谓“豆芽”，就是种子正在萌发时的状态。

豆芽更适合放在冷冻室中

豆芽是容易变质的蔬菜，这么说是因为即使把豆芽放在冰箱里它也能生长。因此，如果要把豆芽保存在冰箱里，应当放在温度更低的冷冻室里。如果过了 2~3 天都没吃完豆芽，请务必冷冻保存。但是，冰冻后的豆芽在解冻后就会变得软塌塌的。

营养满满！豆芽的维生素C含量远高于豆子

由于处于成功萌发的状态，所以与豆子相比，豆芽的维生素C含量更高。此外，豆子萌发后也会产生淀粉酶，具有促消化和调理肠胃的功效。

大豆富含蛋白质，它是组成人体一切细胞、组织的重要成分。绿豆则富含碳水化合物，它是保持机体健康运作的能量之源……每一种豆子在发芽后都会变成富含营养物质的豆芽。豆芽真不愧是高性价比的蔬菜！

维生素不耐高温，在做菜时，为了获得爽脆的口感并保留更多的维生素，最好控制豆芽的加热时间。

毛豆竟是“没熟的大豆”？！

实际上，世界上并没有“毛豆”这种植物。其实毛豆就是还没成熟就被采摘下来的大豆，所以严格来说，毛豆应该被称为“未成熟的大豆”。

也许你会想，没成熟的大豆营养肯定也多不到哪去。然而毛豆富含维生素 C，成熟的大豆却自愧不如。此外，毛豆还富含蛋白质和维生素 B_1 等多种营养物质。

大豆原产于中国，由野生的马料豆驯化而来。古代粮食比较紧缺，因此常常会将未成熟的大豆煮来食用，明代《汝南圃史》中首次出现“毛豆”一词，描述了毛豆应当煮熟后剥壳吃，并提到了食用生毛豆会中毒的情形。

顺带一提……为什么带枝条的毛豆更畅销？

菜市场里售卖的毛豆总是带着枝叶一起卖，这是因为在采摘时，保留部分枝叶可以减少豆荚在运输和储存过程中的水分蒸发，保持豆荚的新鲜度。此外，枝叶的存在也有助于减少豆荚在处理过程中的损伤，提高毛豆的整体品质。

中文名	毛豆
英文名	green soybeans
类　别	豆科　大豆属
中国主要产地	安徽省 / 山东省 / 湖北省

毛豆 秘密档案

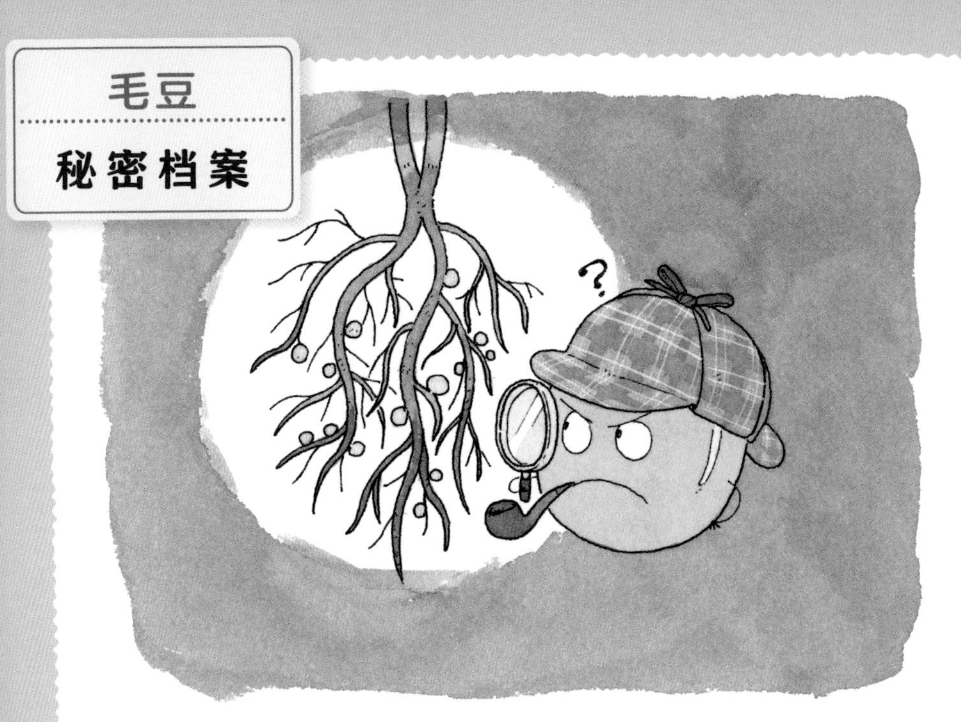

毛豆中竟流淌着红色的血液？

毛豆的根部长着很多小疙瘩，其实它们叫作“根瘤”，是由寄居在毛豆根上的根瘤菌感染引起的。如果切掉这些根瘤，根部就会渗出淡红色的液体。这种红色液体与人体中的血液十分相似，都起到了输送氧气的作用。

美味秘方！

煮毛豆的秘诀：撒盐揉搓

把毛豆从枝条上摘下，再剪掉豆荚的两端。接下来就是美味的秘诀：在毛豆上撒上一小勺盐，充分揉搓使之吸收盐分。接着，将两勺盐一升水等比例放入锅中，水沸腾后再放入毛豆。这样等上 3~5 分钟，一碗鲜香扑鼻的煮毛豆就新鲜出炉了！

毛豆不仅是下酒良菜，也是夏日解乏的必备良品！

大人们常说，“毛豆配酒，越喝越有。”毛豆最适合当啤酒的下酒菜，这是因为毛豆不仅美味，还含有能够促进酒精分解的维生素 B_1 和维生素 C，以及能够降低肝脏负担的蛋氨酸等成分，因此能够有效预防隔夜醉。

对于不喝酒的人来说，维生素 B_1 和维生素 C 也是非常重要的营养物质。维生素 B_1 具有缓解疲劳的功效，而维生素 C 能美容养颜、淡化雀斑。此外，吃毛豆也能有效补充能量，以对抗炎炎夏日的侵袭。

建成埃及金字塔，大蒜功不可没

埃及金字塔是很久之前由古埃及人民为埃及法老建造的寝陵。组成金字塔的一块块巨石，被艰难地运上塔顶，这是多么困难艰苦的工作啊。相传，工人们为埃及法老修建金字塔时，法老每天都会发给工人们大蒜和洋葱等食物作为报酬。这些都作为历史记录刻在了金字塔内部的墙壁上，其中有些壁画就描绘着工人们吃大蒜的情景。

大蒜中含有“大蒜素”，能够让人恢复元气满满的状态。而或许也正是因为大蒜，古埃及劳动人民才能完成这一伟大而不朽的工程吧！

顺带一提……
你知道“装蒜”这个词的由来吗？

相传“装蒜”一词源于清朝，乾隆有次到南方巡查，对田里绿油油的蒜叶赞不绝口。次年冬天，他重游故地，但此时蒜叶并未长出，当地官员为讨皇上欢心，命人将酷似蒜叶的水仙栽到田里，造就了“水仙不开花——装蒜”这一歇后语。

中文名　大蒜

英文名　garlic

类　别　石蒜科　葱属

中国主要产地
山东省 / 河南省 / 江苏省

大蒜
秘密档案

大蒜的超能力——杀菌

大蒜具有极强的杀菌作用，能有效抑制由大肠杆菌和沙门氏菌等细菌引起的食物中毒。在很久以前，欧洲爆发了一场大瘟疫，据说当时只有卖大蒜的人没有被感染，可想而知大蒜的杀菌能力有多强大！

如何巧除砧板和菜刀上的蒜味

切完大蒜后，会在菜刀和砧板上留下难闻的大蒜味，而且很难去除。这时，具有去除异味功能的醋就派上用场了。将醋与清水按 1：2 的比例调配出醋水，再用纸巾沾上醋水擦拭砧板和菜刀，这样蒜味就能被去除了。用只含少量糖分的米醋也可以，一起试试看吧！

大蒜强大的杀菌力能唤醒人体深处的能量！

用油翻炒大蒜就能炒出浓浓的蒜香，这种能唤起食欲的气味由大蒜素产生。大蒜素具有极强的杀菌和抗菌效果，也能提高人体免疫力，预防感冒和癌症等疾病。

为什么大蒜素能提高人体免疫力呢？大蒜素强大的杀菌力对于人体来说就像是消毒作用，吃了大蒜后，体内的免疫细胞就会开始活跃起来，纷纷赶走入侵者，这样一来，人也会变得精神、亢奋。也就是说，大蒜可以唤醒人体内储藏的精神和力量。

洋葱层层防御
以求生存

我们平时吃的洋葱，是一种叶片层层包裹的球状蔬菜。

洋葱原产于气候炎热干燥的中亚地区，这种自然环境对于那些需要足够的水分才能生长的蔬菜们来说可谓十分恶劣。因此为了生存，洋葱将营养物质都储存在了叶片根部，然后将厚厚的叶片层层包裹，最终形成了球体。

生长在如此艰苦环境中的洋葱，竟也有着丰富的营养。与大蒜一样，洋葱也富含具有缓解疲劳、杀菌和抗菌作用的大蒜素。

顺带一提……洋葱和大蒜都是彼岸花的近亲

洋葱和美丽的彼岸花是近亲关系，它们都属于石蒜科。此外，洋葱与大蒜、韭菜、藠头等蔬菜也是近亲。

蔬果·小名片·

中文名 洋葱

英文名 onion

类 别 石蒜科 葱属

中国主要产地

云南省 / 江苏省 / 山东省

洋葱 秘密档案

洋葱外皮竟是一种黄色的染料

洋葱的褐色外皮竟可以用来染布？！其实方法很简单，将洋葱外皮加水熬煮成褐色的汁液，再将布料放入其中浸泡。布料染上颜色之后，再放入加了明矾的热水中来固色。大概浸泡 30 分钟后，用清水冲洗干净即可。明矾在杂货店等地方均有售卖。

美味秘方！

洋葱提前冷藏再切，以防辣眼！

出于自我保护，洋葱在受到损伤后，会释放出刺激性物质来驱赶敌人。这种刺激性物质在低温下挥发性能会降低，所以在切洋葱的时候，可以提前将洋葱放入冰箱冷藏，这样一来，在切洋葱的时候就不会“哭”了。

要想疏通血管，促进血液循环，试试生吃洋葱吧！

洋葱的辣味来自其中的大蒜素。大蒜素具有促进人体吸收维生素 B_1，以及缓解疲劳的功效。同时大蒜素还能疏通血管，促进血液循环，有效预防疾病。

不过，由于大蒜素不耐热，所以如果想要保持促进血液循环的功效，最好生吃洋葱。3~4 月份收获的“新洋葱”辣度较低，适合生吃。

此外，如果吃熟洋葱，推荐热油翻炒。与油一起加热时，大蒜素也不易分解。

小瞧辣椒
可是要吃苦头的

你有没有见过别人一边吃辣一边发出“嘶嘶”的声音呢？实际上，吃辛辣的食物，不仅会感受到辣味，口腔内的温度也会升高，舌头也会出现刺痛感。

我们通常通过舌头表面的细胞来感受食物的味道，但是辣椒的辣味成分辣椒素只有抵达位于舌头深层的细胞后，我们才能感受到它的辣味。当这些细胞感觉到了热和刺痛，我们才会感到又辣又热又痛。

顺带一提……
发明于日本江户时代的
七味辣椒粉的灵感源于中药

“七味辣椒粉”是将辣椒粉、花椒粉和黑芝麻等混合而成的调味料。据说日本江户时代有个叫德右卫门的人，他从植物和矿物等制作出的中药中获得了灵感，制作出了七味辣椒粉，并流传至今。

蔬果

· 小名片 ·

中文名	辣椒
英文名	red pepper
类　别	茄科　辣椒属
中国主要产地	四川省 / 贵州省 / 江西省

辣椒

秘密档案

聪明的辣椒，希望自己能够主动被鸟类吃掉

为了能引起动物们的注意并被它们吃掉，好将自己的种子传播到远方，辣椒在成熟后会变成醒目的红色。但是辣椒太辣了，几乎没有动物想吃它们。

不过，鸟类尝不出辣味，所以它们能随意吃掉辣椒。也许辣椒只想飞到空中并被鸟类带到远方播种，才进化出了辣味吧。

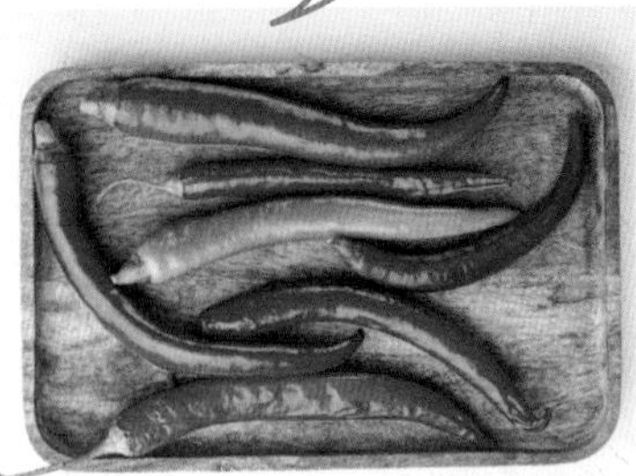

生的绿辣椒很辣，红辣椒则在加热后变得更辣

辣椒有很多品种，如天爪椒、朝天椒、小米椒、二荆条等。绿色的辣椒一般都是未成熟的，成熟之后会变成红色。生的绿辣椒会比较辣，但在加热之后辣度会降低。而红辣椒在加热之后可能会变得更辣。

斗志满满的蔬果小故事

尽情燃烧吧！让脂肪燃烧的辣椒素

辣椒中的“辣椒素”是辛辣成分，具有将脂肪转化成能量的功效。因此，放了辣椒的菜会对减肥有一定的促进作用。此外，辣椒素还具有促进血液循环、暖身、助消化的功效。

但是话说回来，吃辛辣的食物会让舌头发麻、难忍无比，那为什么还会有那么多人喜欢吃辣呢？实际上，辣椒素一旦进入体内，大脑中就会产生一种叫作“内啡肽”的物质。内啡肽有镇痛作用，也能给人带来兴奋和快感，于是人们就更想吃辣了。

南瓜为什么经常被认为是冬季蔬菜呢？

一些地区的人们在冬至那天有吃南瓜的习俗，常将南瓜做成南瓜羹、南瓜饼，全家围坐享用。但南瓜作为夏季的应季蔬菜为什么在冬天也能吃到呢？答案是南瓜的储存期很长。过去没有温室大棚，冬天很难吃到新鲜蔬菜，所以人们就只好吃富含维生素的南瓜来度过漫长的冬季。

南瓜还是一种典型的文化象征，在西方的万圣节，人们会制作南瓜灯摆在门口，用于驱散恶灵，保佑家人平安健康。中国的年画中也时常出现南瓜的图案，寓意五谷丰登，家庭美满。

顺带一提……
南瓜子也可以吃哦！

南瓜子也富含营养物质。首先要把南瓜子洗净、晾干，然后将其放入煎锅中加入油翻炒。炒熟后，可以用厨房剪刀等工具剥开南瓜子的壳，这样一来美味的南瓜子便可食用了。

蔬果
·小名片·

中文名	南瓜
英文名	pumpkin
类　别	葫芦科　南瓜属
中国主要产地	河南省／甘肃省／山东省

南瓜

秘密档案

万圣节的南瓜灯
最开始竟是用芜菁做的？！

说到万圣节，你肯定知道南瓜灯。这是一种将南瓜掏空、雕刻制成的灯笼。实际上，南瓜灯最开始是用芜菁做的。万圣节起源于欧洲，后来传到了美国，就是美国人最先用南瓜代替芜菁做南瓜灯。

南瓜坚硬的外皮该怎么处理？
微波炉加热一下就能轻松切开！

很多人都觉得南瓜十分坚硬，非常难切。但其实只要用微波炉加热一下，南瓜就会变软从而十分好切了。那怎么加热呢？下面是具体流程：将南瓜整个放入微波炉内加热5~6分钟，再对半切开，去掉里面的籽和瓤，最后用保鲜膜包裹住南瓜加热2~3分钟即可。

斗志满满的蔬果小故事

南瓜营养满满！富含糖分和各种维生素，还含有能让人“返老还童”的维生素E

南瓜原产于墨西哥到中美洲一带，明朝正德年间传入中国。先由皇家苑囿种植，之后流传到民间并广泛培育。

南瓜富含糖分，糖分是大脑的能量来源。同时，南瓜也富含各种维生素，比如：胡萝卜素（有益于眼睛和皮肤健康）、维生素 B_1（具有缓解疲劳的功效）、维生素 B_2（具有美容养颜的功效）、维生素 C（具有预防感冒的功效）、维生素 E（具有预防癌症的功效）……维生素 E 也有抗衰老的功效，所以它也被誉为“返老还童维生素”。

蔬果情报栏

那些美丽的蔬菜的花

是不是和平时看到的蔬菜印象不一样?
一边感受与蔬菜之间的反差，一边欣赏美丽的蔬菜的花吧!

出淤泥而不染，濯清涟而不妖

莲花

莲藕在塘底的淤泥中生长，而美丽的莲花却在水面上盛情绽放。莲花在东方文化中有着崇高的地位，被广泛应用于诗词、绘画当中，象征着纯洁与坚韧。

可爱的绰号

大葱的花

大葱的花有个绰号，叫作“葱花和尚”。刚开花的时候，大葱头顶一层薄薄的皮，就像是被剃掉头发的光秃秃的和尚脑袋。许多大葱一起开花的时候，场景就像一个个小光头在风中摇曳。

王妃的头饰

马铃薯花

相传在 18 世纪，法国国王路易十六的王妃玛丽·安托瓦内特非常喜欢马铃薯花。听说她曾经身穿华丽的裙子，头戴马铃薯花头饰。

形似牵牛花

番薯花

番薯是旋花科番薯属蔬菜，而牵牛花也属于旋花科番薯属。番薯的花与牵牛花十分相似，但不常出现在人们的视野里。

第五章

不容小觑的蔬果们

蜜瓜上的网纹竟然是它的“疤痕”?!

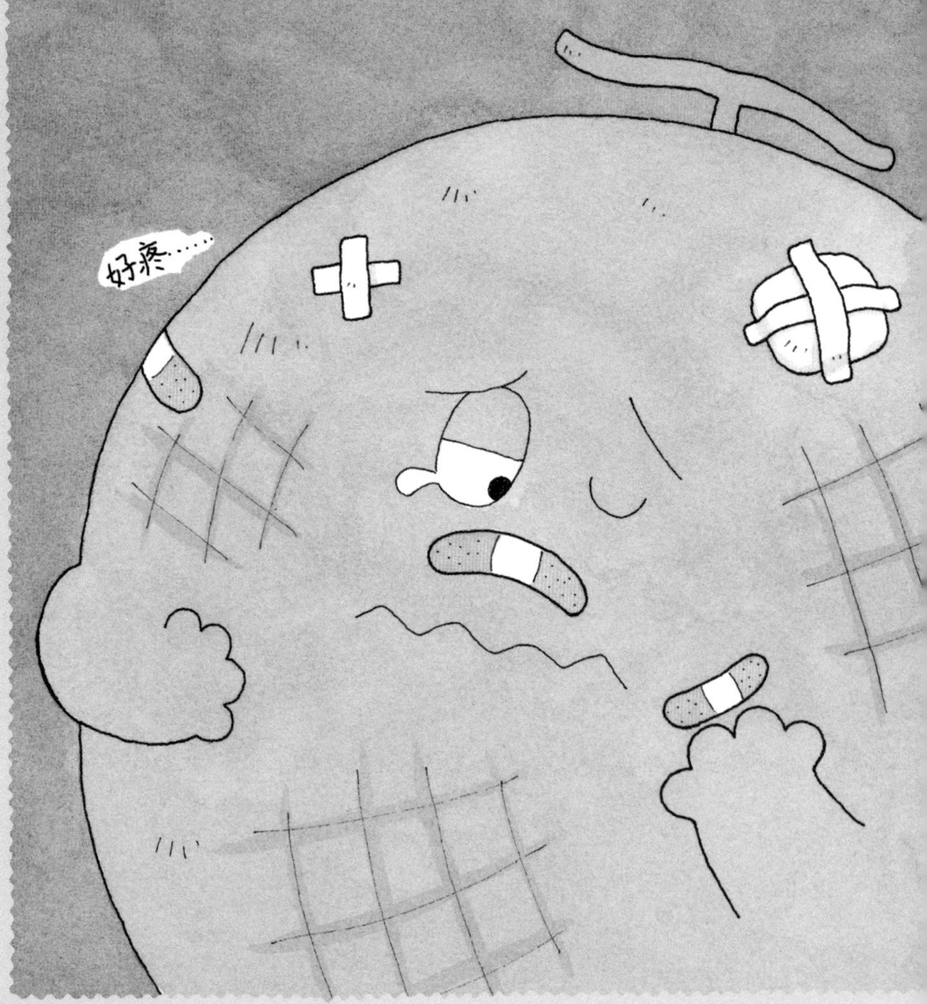

蜜瓜最显眼的特征就是它身体上的网纹。这个网纹可不普通，它是蜜瓜“伤口”上的结痂。

蜜瓜在生长过程中，表皮先停止生长，而果肉还在不断长大，于是表皮就会被撑破从而形成裂缝，最后蜜瓜为了堵住伤口，在裂缝上又生成了类似于结痂的“网纹”。

蜜瓜一边“伤痕累累”，一边生长变大。而且蜜瓜虽然吃起来很甜，但它的热量却很低，比苹果、葡萄等水果都要低，实在是再懂事不过了。

顺带一提……
蜜瓜有很多品种：
绿瓜、红瓜、白瓜。

蜜瓜根据颜色大致可以分为三个品种：果肉呈绿色的“绿瓜”、果肉呈橘黄色的“红瓜”，以及果肉呈白色的“白瓜”。在白瓜这一品种中，有的蜜瓜没有网纹。

蔬果
·小名片·

中文名	蜜瓜
英文名	melon
类　别	葫芦科　黄瓜属
中国主要产地	新疆维吾尔自治区 / 甘肃省

蜜瓜
秘密档案

蜜瓜从小历经“苦难”
长大后才变得清甜可口

如果给蜜瓜浇水过多，会导致果肉因吸水过多而膨胀变大，甜味也会大打折扣。因此，种植蜜瓜的农民只会在蜜瓜叶接近枯萎的时候，才给蜜瓜浇上少量的水。就是在这样严苛的生长环境中，蜜瓜拼命积攒营养，最终结出清甜可口的果实。

美味秘方！

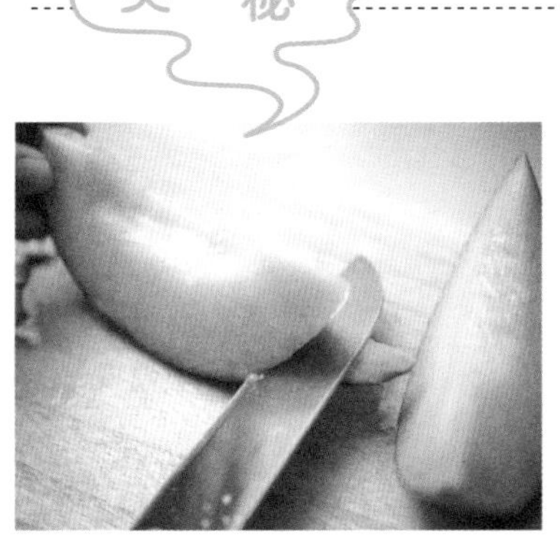

蜜瓜冷藏 2~3 小时后再吃会更美味哦

蜜瓜成熟之后会散发出清香，瓜蒂部位也会变得柔软。在蜜瓜成熟之前，最好放在通风良好的地方保存。此外，提前把成熟的蜜瓜放在冰箱里冷藏 2~3 小时，蜜瓜的香味和甜味会达到最佳状态，食用的时候也更加美味可口。

斗志满满的蔬果小故事

迅速补充能量，运动后的必备良品！

糖分能为我们人体活动提供能量。蜜瓜中含有大量糖类物质，如果糖和葡萄糖。果糖和葡萄糖在进入人体后都能迅速转化成能量，易于被人体吸收。同时，蜜瓜也富含能防止细胞脱水的钾元素。吃蜜瓜既能补充能量，又能预防中暑，蜜瓜可谓是运动后的必备良品。

此外，蜜瓜还富含能改善人体健康的维生素 C。

把西瓜放在蜜瓜旁边竟会腐烂？

西瓜和蜜瓜的形状、大小十分相似，但它们却不能放在一起保存。这是为什么呢？因为如果把西瓜和蜜瓜放在一起，西瓜就会腐烂！

蜜瓜会分泌一种叫作乙烯的物质，它会以气体形式挥发到空气中。而乙烯具有催熟水果的作用，所以当蜜瓜和西瓜一起放置，西瓜就会因过于成熟而腐烂。

所以，为了防止变质，最好将西瓜和蜜瓜分开保存。

正因为乙烯具有催熟水果的作用，可以将蜜瓜和比较硬的猕猴桃一起保存，加快猕猴桃变软哦。

顺带一提……
在越南，人们会在正月里供奉西瓜

在越南，人们也过春节（农历正月），而越南的春节被称为“Tet”。在越南的春节有供奉西瓜的习俗，因为越南人认为红色能带来好运，黄色能带来财运。

蔬果 · 小名片 ·

中文名	西瓜
英文名	watermelon
类　别	葫芦科　西瓜属
中国主要产地	山东省／江苏省／河南省

西瓜

秘密档案

吃下去的西瓜籽不会被消化，而是随粪便一起被排出体外

动物在吃西瓜时也会吞入西瓜籽，但是最终西瓜籽会与粪便一起被排出体外，以便播种。这是因为西瓜籽外壳裹着一层坚硬的物质，导致西瓜籽不会在胃中被消化分解，于是就会随粪便一起被排出。

西瓜皮营养满满！让人吃得津津有味

西瓜皮上白色的部分被称为“翠衣”。翠衣中富含瓜氨酸，其含量约是瓜瓤中的两倍！瓜氨酸能促进人体血液循环，还能美容养颜，使皮肤湿润细腻。除去最外层的表皮部分，用西瓜的翠衣来做腌菜或者熬汤也是不错的选择。

西瓜富含钾元素，是夏天补水的必备良品！

西瓜的英语是“watermelon”，意为“水瓜”，可见其水分含量极高，西瓜的含水量高达 90% 以上！

同时，西瓜中也富含钾元素。钾元素和钠元素都有预防中暑的功效。而食盐中也含有钠元素，所以可以在西瓜上撒点盐，这样吃下去更有清热解暑的功效。

需要注意的是，西瓜在 15 摄氏度的环境下口感和甜度最佳。

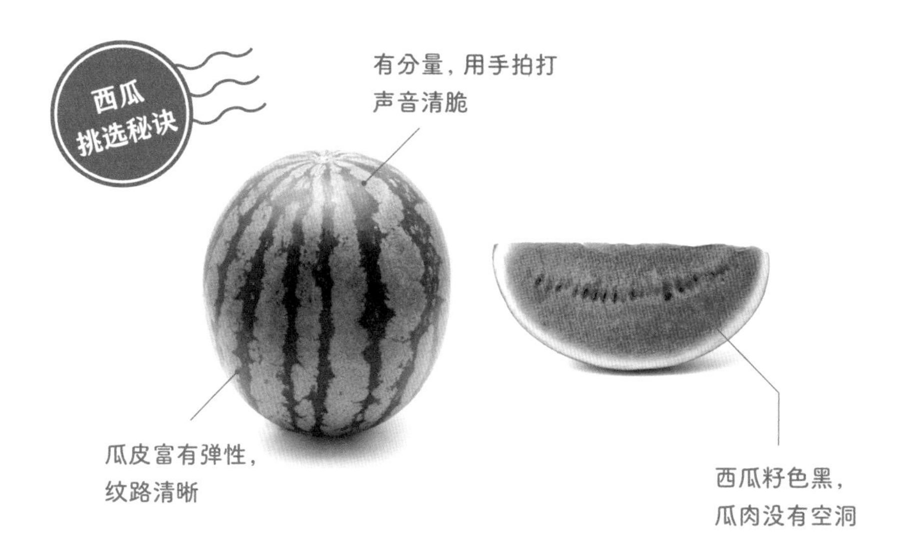

草莓作为夏季水果为何会在冬天畅销？

生日蛋糕或者圣诞节的蛋糕上经常会装饰草莓，从这一点推测，很多人都会认为冬天是草莓收获的季节。但实际上，草莓的收获季是夏天，草莓一般在 5 ~ 6 月成熟。

但是在现代，随着塑料大棚栽培技术的不断发展，人们在冬天也能吃到美味的草莓了。

因为草莓不耐热，所以到了夏天，农民伯伯们会在温度较低的地方栽种草莓，以此催眠草莓，让它们以为现在是冬天。而到了秋天，农民伯伯会在晚上打开塑料大棚里的补光灯，以此催眠草莓，让它们以为冬天已经结束了，白天变长了，好让草莓生长开花。

顺带一提……
草莓的花竟是玫瑰的近亲？！

草莓虽然是能结果的草本植物，但它与木本植物玫瑰一样，都属于蔷薇科。此外，苹果和樱花也同属蔷薇科。

蔬果
· 小名片 ·

中文名 草莓

英文名 strawberry

类 别 蔷薇科 草莓属

中国主要产地
辽宁省 / 山东省 / 江苏省

草莓 秘密档案

分布在草莓表面的小颗粒其实是草莓的果实而非种子。一颗草莓有两百多个果实！

说来你可能不信，红红的草莓并不是草莓植株的果实。在植物学中，草莓被称为“假果”。那么草莓的果实究竟是什么呢？揭晓答案：在草莓表皮凹凸不平的小洞里，布满了密密麻麻的籽，这才是草莓的果实。一颗草莓大概有 200~300 个果实。

美味秘方！

如何用微波炉制作草莓果酱

制作方法

1 将草莓洗净、去蒂、擦干，再纵向切成两半。

2 在金属碗中放入白砂糖（量约为草莓重量的一半）和一小勺柠檬汁，将其充分搅拌混合后，放置 10 分钟左右。

3 将事先准备的草莓放入碗中混合搅拌，再轻轻用保鲜膜包住碗口密封，最好将碗放入功率 600 瓦的电子微波炉中加热 3~4 分钟。

4 取出碗，清理掉碗内的白色泡沫，再放入微波炉内加热两分钟。

* 建议将果酱存放在冰箱内低温保存，一周内食用完毕。

斗志满满的蔬果小故事

草莓蒂附近的果肉富含维生素C 用手摘掉草莓蒂而不是切掉，以免浪费

草莓富含维生素C，据说每天吃10颗草莓有预防感冒的功效。

不过，由于草莓蒂附近的果肉不太甜，很多人选择直接扔掉不吃。但实际上，草莓蒂附近的果肉反而极富营养。

清洗草莓时摘掉草莓蒂会导致维生素C流失，所以，清洗草莓的时候最好不要摘掉草莓蒂，并且迅速完成清洗。此外，吃草莓的时候不要切掉草莓蒂，最好用手摘掉，这样也能减少营养物质的浪费。

草莓蒂也是十分重要的存在哦。

香菇的播种竟和飞机起飞原理一样？！

从侧面观察香菇等各类蘑菇，你会发现它们的外观很像一把伞，头部犹如伞面，底部则酷似伞柄。其实，这种外观暗藏玄机，当风吹过，伞面会形成一股向上的力，恨不得将伞面带到空中。

而香菇就巧妙地利用了这一原理。在香菇的菌盖下藏着很多孢子，也就是蘑菇等真菌的种子，当风吹过，这些孢子就会被传播到远处，有播种的效果。

香菇这一特殊的播种方式竟与飞机升空原理一样。空气与飞机相对运动时会在机翼产生气压差，从而使飞机获得向上的升力。

顺带一提……

现在流行“工厂化”集中栽培香菇

香菇栽培源于中国，最早由宋朝的浙江籍农民吴三公发明砍花栽培法，后扩散至全国。现在，香菇种植朝着工厂化栽培模式发展，在能控制温度和湿度的大型菇房中集中栽培香菇。

中文名	香菇
英文名	shiitake
类 别	口蘑科 香菇属
中国主要产地	浙江省 / 河北省 / 湖北省

香菇 秘密档案

香菇常作为一种蔬菜被售卖，那么蘑菇到底是不是植物呢？

香菇没有种子，它靠孢子和菌丝繁殖。实际上香菇并不是植物，而是一类大型真菌。此外，香菇的主要成分与蟹壳和昆虫外壳相同，它们都含有“几丁质”和“壳聚糖”等成分。这样看来，香菇倒更接近于动物。

把香菇放在水中加热后，鲜味倍增！

在用香菇做汤时，最好在起锅加热前就把香菇放进锅中。因为香菇中含有一种叫作“鸟苷酸”的物质，这是一种提鲜剂。鸟苷酸在水中被慢慢加热后，汤会变得鲜美可口。此外，在烹饪之前不用将香菇焯水，只需将其表面的污垢洗去即可。

维生素D能强健骨骼，在烹饪前给香菇晒个“日光浴”吧！

香菇富含“麦角甾醇”。麦角甾醇经阳光照射后可以转化成维生素 D。维生素 D 能促进人体对钙的吸收，从而使牙齿和骨骼更加坚固。

菌类喜欢在阴暗潮湿的环境中生长，但是香菇却是喜光性菌类。据说香菇经阳光照射后，维生素 D 的含量会增加十倍。因此，在烹饪之前，可以把香菇放在通风良好的阳光下晒半小时到一小时，这样会使它的营养倍增。

此外，干香菇中的维生素 D 含量是新鲜香菇的三十多倍！

你吃到的蔬果属于哪类植物？

常见的植物按形态大概可以分为乔木、灌木以及草本三种类型。
你知道摆放在超市或市场上形色各异的蔬果们
究竟属于哪一类植物吗？

乔木类、灌木类还是草本类？

乔木类植物一般有着高大明显的主干，树干与树冠明显有区别，例如香椿树、石榴树等；灌木类植物则没有明显主干，丛生且体型较为矮小，如树莓、无花果等；草本类植物多指茎内木质部不发达，矮小且寿命较短的植物，如玉米、西瓜等。

苹果（乔木类植物）

树莓（灌木类植物）

草莓（草本类植物）

草莓是哪种植物？

草莓是蔷薇科草莓属多年生草本植物结出的果实，农民伯伯每年都会更换新的草莓幼苗来栽培草莓。

香蕉（草本类植物）

香蕉是哪种植物？

香蕉树虽然看上去像是树，但它的茎是由卷起来的叶柄构成的，并不含大量木质素，因此香蕉是多年生常绿大型草本植物。

蔬果情报栏

“一场关于番茄的官司”番茄是蔬菜还是水果？

故事发生在19世纪的美国。
当时对番茄是蔬菜还是水果的定义尚不明确，
由此民间发生了经济纠纷，甚至引发了一场官司。
法院最终以“番茄不是甜点”为由，判决它属于蔬菜。
那么究竟为什么人们会为了番茄打一场官司呢？
当时的美国政府规定，对所有销入美国的蔬菜征收关税，
而这项规定却不针对水果。
同时，负责征税的官员认为番茄是蔬菜，
而水果商认为番茄是水果，
双方争执不下，因此官司一触即发！

番茄酱

番茄沙拉

番茄干

番茄肉酱意大利面

保存蔬果的小妙招

蔬果也要
吃得美味！

让蔬果恢复到最初的状态！

让蔬果长时间保持新鲜的最大窍门就是让蔬果恢复到生长时的状态。

马铃薯是在泥土中生长的，所以把马铃薯存放到昏暗阴凉的地方，它就难以发芽，从而得以长时间保存。此外，在保存菠菜等叶菜类蔬菜时，可以将它们放入冰箱，并且垂直放置，使菜叶朝上，如同在田野中生长一般，这样也能使它们长时间保存。

巧用报纸和塑料袋保存蔬果

蔬果在被采摘之后仍然可以进行呼吸作用。蔬果在呼吸时产生的乙烯是一种催熟激素，因此，为了不让乙烯对其他蔬果产生催熟效果而导致蔬果腐烂，可以将不同蔬果分开保存在密封的塑料袋中。

此外，喜湿的蔬果需要用湿润的报纸或厨房纸包裹起来，再放入塑料袋密封保存。而喜干的蔬果则需要用干燥的报纸包裹起来，再放入塑料袋密封保存。这样一来就可以做到蔬果长期保鲜。

放在冰箱里保存的蔬果们

冰箱中的冷藏室、冷冻室和蔬果柜温度各不相同。
冷藏室的温度一般为3~6℃，蔬果柜的温度一般为5~8℃，
冷冻室的温度一般为-3~0℃。
此外，也有一些蔬果喜欢比蔬果柜温度更低的环境。

放在蔬果柜中保存的蔬果

番茄、花菜、生辣椒、卷心菜、白菜、菠菜、生菜、葱、芜菁、胡萝卜、黄瓜、青椒、莲藕、草莓、香菇等

把卷心菜和生菜的菜心去掉后，再用湿润的厨房纸将中间填满，最后将它们放入塑料袋内，这样就能长期保鲜。

还有一些带叶子的蔬果，例如芜菁和白萝卜等，保存过程中它们的叶子会消耗果实中的营养，因此建议把它们的叶子切掉后单独保存。

放在冷藏室中保存的蔬果

西蓝花、胡萝卜等

西蓝花等会释放乙烯的蔬果，宜用塑料袋密封保存后再放入冰箱冷藏室。

放在冷冻室中保存的蔬果

豆芽等

豆芽性寒，如果冷冻室没有储存空间，也可以将其放在冷藏室。

不必放入冰箱保存的蔬果们

沾有泥土的蔬果不必清洗，直接常温保存即可。
蔬果应在阴凉通风处保存，若天气炎热可放入冰箱保存。
此外，已切开的蔬果也建议放入冰箱保存。

马铃薯、茄子、芋头、南瓜、牛蒡、
番薯、蜜瓜（仅未熟透的蜜瓜）、西瓜等

把洋葱和大蒜吊起来吧！

将洋葱和大蒜放入吊袋中，并悬挂在阴凉处常温保存，这样一来能实现长期保鲜。但是，新出土的洋葱请放在冰箱里冷藏保存。

马铃薯与苹果更配哦！

由于苹果能释放乙烯，所以如果将苹果和马铃薯放在一起保存的话，马铃薯会难以发芽，从而得以长期保存。

赶快吃掉~

玉米和毛豆放置超过一天，美味程度就会大打折扣。所以尽早把它们煮熟然后吃掉吧~

蔬果也有你不知道的一面

你知道吗？

完美的螺旋艺术品

罗马花菜

（十字花科　芸薹属）

罗马花菜，俗称“青宝塔”原产于意大利，是西蓝花和花菜的近亲。罗马花菜的花球部分可以食用。螺旋状的花球如山峰一般盘旋而上，从上往下看，犹如一个绚丽的螺旋艺术品。罗马花菜的口感与花菜相似，味道又与西蓝花相近。

食用方法

与花菜、西蓝花的做法相似，罗马花菜加盐翻炒或者蒸煮后即可食用。

可以生吃的南瓜

奶油南瓜

（葫芦科　南瓜属）

奶油南瓜的外形很像葫芦，常见于美国。奶油南瓜最大的特点是可以生食。正如它的名字一般，奶油南瓜有一股甜甜的奶油味，口感软糯，香甜可口。奶油南瓜的皮较薄，可用削皮刀把皮剥开。

食用方法

与普通南瓜的做法相似，奶油南瓜可以生吃，也可以蒸煮、煎炸。

世界上还有各种各样你所不知道的蔬果，
不过近年来在国内也都能见到了！
下面这些蔬果，你都见过吗？

着“霜”的植物

冰叶菊

（番杏科　日中花属）

冰叶菊原产于非洲南部，与仙人掌是同类。冰叶菊的茎和叶上犹如覆盖了一层小冰珠，所以人们把它的英文名称命名为“ice-plant”，意为结冰的植物，但这种小冰珠其实是盐分的结晶。冰叶菊富含有益于肌肤健康的胡萝卜素，吃起来有股淡淡的咸味。

食用方法

冰叶菊可以蒸煮，或者用来做蔬菜沙拉、做天妇罗，都是不错的选择！

香蕉？青椒？真假难辨

蜡烛果

（茄科　辣椒属）

蜡烛果通体细长，外表既像香蕉又像青椒。蜡烛果富含维生素C，味道与红辣椒相似，微苦，但是个头比普通青椒大，在没成熟的时候呈青绿色，成熟之后就会变成黄色、橘黄色或红色。

食用方法

加热食用，或者像红辣椒一样做成蔬菜沙拉也十分美味！

参考文献

『キャベツにだって花が咲く』稲垣栄洋 著（光文社新書）

『トマトはどうして赤いのか?』稲垣栄洋 著（東京堂出版）

『一晩置いたカレーはなぜおいしいのか』稲垣栄洋 著（家の光協会）

『食育に役立つ食材図鑑 1 野菜』稲垣栄洋 監修（ポプラ社）

『食育に役立つ食材図鑑 2 果物』稲垣栄洋 監修（ポプラ社）

『身近な野菜のなるほど観察録』稲垣栄洋 著（ちくま文庫）

『明日ともだちに話したくなる野菜の話』稲垣栄洋 監修（総合法令出版）

『野菜ふしぎ図鑑』稲垣栄洋 著（健学社）

『野菜ふしぎ図鑑 2』稲垣栄洋 著（健学社）

『面白くて眠れなくなる植物学』稲垣栄洋 著（PHP文庫）

『ひと目でわかる!冷蔵庫で保存・作りおき事典』
島本美由紀 著（講談社）

图书在版编目（CIP）数据

蔬果也要斗志满满 / 日本阿玛纳自然科学编;(日)日高直人绘 ; 吴淑招译. -- 北京 : 中国纺织出版社有限公司, 2024. 10. -- (手绘自然图鉴). -- ISBN 978-7-5229-2126-6

Ⅰ. S63-49；S66-49

中国国家版本馆CIP数据核字第2024JK5889号

SHUGUO YE YAO DOUZHIMANMAN

责任编辑：向　隽　　特约编辑：程　凯
责任校对：王蕙莹　　责任印制：储志伟

中国纺织出版社有限公司出版发行
地址：北京市朝阳区百子湾东里 A407 号楼　邮政编码：100124
销售电话：010—67004422　传真：010—87155801
http: //www.c-textilep. com
中国纺织出版社天猫旗舰店
官方微博 http: //weibo.com/2119887771
北京华联印刷有限公司印刷　各地新华书店经销
2024 年 10 月第 1 版第 1 次印刷
开本：880×1230　1/32　印张：4.75
字数：120千字　定价：68.00 元